ÉTUDE

SUR LA

SITUATION DE L'AGRICULTURE

ET SUR LES

MOYENS D'Y REMÉDIER

PAR

V. DUCHATAUX

PRÉSIDENT DU COMICE AGRICOLE DE REIMS, MEMBRE DU CONSEIL GÉNÉRAL
DE LA MARNE

PREMIÈRE PARTIE

PARIS

LIBRAIRIE AGRICOLE DE LA MAISON RUSTIQUE, RUE JACOB, 26

REIMS | CHALONS
BRISSART-BINET, RUE DU CADRAN-St-PIERRE | T. MARTIN, PLACE DU MARCHÉ-AU-BLÉ

JUIN 1866

ÉTUDE

SUR LA

SITUATION DE L'AGRICULTURE

CHALONS-SUR-MARNE, T. MARTIN, IMPRIMEUR

ÉTUDE

SUR LA

SITUATION DE L'AGRICULTURE

ET SUR LES

MOYENS D'Y REMÉDIER

PAR

V. DUCHATAUX

PRÉSIDENT DU COMICE AGRICOLE DE REIMS, MEMBRE DU CONSEIL GÉNÉRAL
DE LA MARNE

PREMIÈRE PARTIE

PARIS

LIBRAIRIE AGRICOLE DE LA MAISON RUSTIQUE, RUE JACOB, 26

REIMS | CHALONS
BRISSART-BINET, RUE DU CADRAN-St-PIERRE | T. MARTIN, PLACE DU MARCHÉ-AU-BLÉ

JUIN 1866

AVANT-PROPOS.

———

L'annonce d'une prochaine enquête sur la situation de l'agriculture a tout d'abord excité dans nos campagnes une assez vive émotion. Le Comice de Reims n'y est pas resté étranger, et, dans le cours des débats que la question a soulevés, l'auteur de cet opuscule a été amené à prendre l'engagement de publier son opinion sur les causes du mal et sur les moyens d'y remédier. Il vient aujourd'hui remplir en partie cette promesse.

Le travail qu'il publie n'est pas cependant un plaidoyer en faveur de tel ou tel système économique : ce n'est qu'une étude des faits, entreprise avec le vif désir d'arriver à la vérité. Son but sera atteint, s'il a pu dissiper quelques erreurs ou émettre quelques idées utiles.

Dans un pays comme la France, où les intérêts agricoles

sont de beaucoup les plus considérables, servir l'agriculture c'est servir le pays lui-même. Là se borne toute
l'ambition de l'auteur, et c'est la seule en effet qu'on puisse
se proposer dans des recherches de cette nature.

Reims, le 11 juin 1866.

ÉTUDE

SUR LA

SITUATION DE L'AGRICULTURE

ET SUR LES

MOYENS D'Y REMÉDIER

Depuis dix ans environ l'agriculture se plaint. Ces plaintes, d'abord timides et à peine articulées, ont pris chaque année un caractère plus vif. Elles ont fini par arriver jusqu'au Souverain lui-même, dont elles ont éveillé toute la sollicitude, et récemment les grands corps de l'Etat en faisaient l'objet d'un de ces débats solennels où la connaissance profonde des faits et la recherche des véritables principes n'ôtent rien à l'éloquence et à l'élévation du langage.

Qu'y a-t-il au fond de cette situation ? S'agit-il d'une crise passagère amenée par des circonstances accidentelles et destinées à céder bientôt à de meilleures influences ? Est-ce au contraire le produit funeste de causes profondes et anciennes, que le temps seul peut guérir et qui exigent l'emploi de remèdes énergiques ? Peut-être la situation a-t-elle ce double caractère. Il ne faut cependant pas s'en exagérer la gravité, et s'il est impossible de méconnaître le mal, il ne faut le grossir ni par esprit de dénigrement, ni par entraînement d'imagination, et il importe surtout de ne pas s'aveugler sur ses véritables causes.

Depuis le commencement du siècle, la valeur de la propriété foncière s'est progressivement et rapidement accrue. Depuis trente ans surtout, ce mouvement a été fort sensible. La rente du sol s'est naturellement élevée dans la même proportion, et beaucoup de fermiers, qui ont contracté des baux à long terme dans des circonstances prospères, les trouvent aujourd'hui onéreux. Les impôts ont suivi une marche semblable. Le budget de l'Etat était, en 1800, de cinq cent millions à peine ; il dépasse aujourd'hui deux milliards. Le prix de la main d'œuvre enfin a plus que doublé depuis trente ans, et les conditions économiques de la production agricole se sont ainsi trouvées complètement changées.

En présence de cette élévation rapide des prix de revient et aussi de la diminution de la valeur relative de l'argent, il eût été naturel de compter sur une augmentation proportionnelle des prix de vente. C'est le contraire cependant qui s'est produit. Les laines, qui se vendaient en Champagne, il y a cinq ans, jusqu'à 3 fr. le demi kilo, sont tombées aujourd'hui à 2ᶠ 40. On a vu les cuirs, les suifs, les graines oléagineuses baisser plus encore. Les sucres valaient fr. 76 et en valent à peine fr. 57. Les alcools sont à vil prix : on les a vus à fr. 96 (pour ne pas citer les cours excessifs) ; ils sont aujourd'hui à fr. 43. Enfin le principal des produits de l'agriculture, le froment, valait, en 1861, fr. 24-55 l'hectolitre (cours moyen) ; il est tombé successivement pendant les années suivantes à fr. 23 24, 19 78, 17 59. En 1865 le prix moyen de l'hectolitre a été de fr. 16 41 seulement, et comme d'ailleurs le produit pour toute la France n'a pas dépassé cette année 13 hect. 45 à l'hectare, le cultivateur n'a reçu en moyenne, pour chaque hectare de froment, que fr. 220 71, chiffre évidemment et de beaucoup inférieur au prix de revient. Que l'on joigne à tout cela les sinistres naturels : la ruine des magnaneries du Midi, l'abondance désastreuse de la dernière vendange, qui, en beaucoup d'endroits, a fait vendre l'hectolitre de vin au-dessous de fr. 10 ; la perte des colzas en Normandie et en Picardie, partout enfin le manque de foin, la pénurie des fourrages, la rareté de l'avoine, et l'on comprendra sans peine les plaintes des cultivateurs et le découragement profond qui s'est emparé d'un trop grand nombre.

Ce découragement, toutefois, est-il suffisamment motivé ? Et s'il y a bien des ombres au tableau, n'y peut-on voir aussi quelques rayons de lumière ? L'exagération d'un mal est souvent plus funeste que le mal lui-même. Nous n'avons pas hésité à énumérer toutes les misères dont le poids accable l'agriculture. Peut-être nous sera-t-il permis d'indiquer aussi les compensations que lui accordent les circonstances. L'avoine, par exemple, dont on a trop peu récolté, se vend 30 0/0 plus cher que le blé. Le foin, la paille sont arrivés à des prix excessifs. L'orge est vivement recherchée. Le seigle, dont plusieurs années de suite les récoltes ont été bonnes en Champagne, se vend pour l'exportation à des cours avantageux. Les betteraves ont fourni dans tous nos départements du Nord un produit inouï, et leur rendement en sucre dépassera 250,000,000 de kilos (presque le double d'une année ordinaire). Le bétail, même maigre, obtient des prix très-rémunérateurs, et enfin, grâce à la vigilance énergique de l'administration, nous avons pu être préservés des ravages de la peste bovine, qui ruine en ce moment l'agriculture anglaise et celle des Pays-Bas. Ce sont là des bienfaits qu'il ne faut pas oublier, lorsque d'ailleurs on exprime des plaintes, mêmes légitimes.

En somme, il est un moyen de se rendre compte approximativement de la situation vraie de la propriété rurale. De même que l'état du commerce se préjuge par certains signes : le chiffre du portefeuille de la banque, le taux de l'escompte, le nombre des faillites, etc. ; de même la facilité ou la difficulté avec laquelle se perçoit l'impôt direct, permet d'apprécier, jusqu'à un certain point, la situation des campagnes. Or, au 31 décembre 1864, les contributions payées dépassaient les termes échus de 69/100es de douzième (environ 30 millions de francs). Au 31 décembre 1865, cette avance était encore de 67/100es de douzième[1]. Et les frais

----

[1] Au 31 décembre 1862, l'avance était de 96/100es de 12e.

de poursuites qui, en 1863, s'étaient élevés à fr. 1 33 pour mille francs, n'ont pas dépassé fr. 1 28 en 1864 et 1865 [1].

Il est bien permis de dire, en présence de ces faits que beaucoup d'esprits, d'ailleurs très-dévoués à l'agriculture, s'exagèrent les périls de la situation. Il n'en saurait être autrement, et l'on ne peut demander aux intérêts en souffrance le sangfroid et l'impartialité. Le mal cependant a une gravité réelle. Il préoccupe à juste titre l'opinion publique. Il est devenu indispensable d'en étudier les causes et d'en rechercher les remèdes.

En essayant aujourd'hui de remplir ce devoir, nous nous occuperons d'abord de l'influence des tarifs de douane sur les cours des produits agricoles et nous nous demanderons si l'on peut attribuer l'état actuel du marché aux modifications qu'ils ont subies. Cette étude portera principalement sur le froment et la laine, qui ont pour la Champagne un intérêt particulier.

Nous passerons ensuite en revue les causes multiples qui, en élevant les frais généraux de production, ont amené beaucoup d'exploitations rurales à un état de gêne incontestable.

Nous verrons en même temps dans quelles limites il paraît possible d'y remédier.

Enfin, nous terminerons ce travail par quelques considérations sur le crédit agricole et sur les services qu'il est permis d'en attendre.

[1] Voici la proportion des frais de poursuites pour une période plus étendue :

1848	fr. 3 25 pour 1000 francs.
1851	3 07 —
1859	1 35 —
1860	1 20 —
1861	1 23 —
1862	1 05 —
1863	1 33 —
1864	1 28 —
1865	1 28 —

PREMIÈRE PARTIE

DES TARIFS DE DOUANE ET DE LEUR INFLUENCE SUR LE COURS DES PRODUITS AGRICOLES.

Il ne saurait être question d'embrasser ici dans son ensemble ce grand débat entre le libre échange et le système protecteur qui, depuis vingt-cinq ans, préoccupe et agite le monde industriel de l'Europe occidentale. Quels que soient d'ailleurs les principes que l'on adopte, et fût-on partisan du libre échange sans limites, le système protecteur est un grand fait historique et social, dont il est impossible de méconnaître la puissance créatrice dans le passé, l'influence toujours vivante dans le présent. Fondé sous le règne fécond d'Elisabeth, développé énergiquement par Cromwell, il a fait de l'Angleterre la première puissance industrielle, commerciale et maritime du monde. En France, Colbert a abrité sous son égide la prospérité de nos manufactures naissantes. Nous lui avons dû le premier essor de notre marine, le développement trop vite arrêté de nos colonies. Après la révolution, enfin, il a relevé de ses ruines notre industrie expirante, et il l'a progressivement élevée à ce degré inconnu de prospérité qui lui permet aujourd'hui de lutter victorieusement contre l'industrie étrangère.

Qu'auprès de ces bienfaits on trouve dans le système protecteur des inconvénients de plus d'un genre ; que sa réglementation compliquée soit souvent un obstacle et toujours un ennui ; qu'il

étouffe parfois dans leurs langes des industries naissantes ; qu'à
d'autres au contraire il crée trop souvent une existence artificielle
et précaire, nul ne songe à le méconnaître. Il peut y avoir là des
erreurs à redresser ou des améliorations à introduire. Mais à
l'abri de cette règlementation, des intérêts puissants et nombreux
se sont développés. Il ne saurait venir à l'esprit de personne d'en
faire aujourd'hui bon marché. Dût-on, sous l'inspiration de principes nouveaux, adopter une nouvelle politique commerciale, il
faudrait avant tout ménager les situations acquises et sauvegarder par des transitions prudentes les intérêts engagés sur la foi
de l'ancienne législation.

Ces transitions, les a-t-on convenablement ménagées dans les
nombreux traités de commerce signés depuis 1860 ? Nos industries y ont-elles conservé une protection suffisante ? Dans la
situation nouvelle qui leur est faite, sont-elles appelées, sous l'ai-
guillon de la concurrence étrangère, à prendre un essor plus
puissant ? Doivent-elles craindre au contraire les conséquences de
cette lutte, à laquelle peut-être elles n'étaient pas toutes également
préparées ? Ce sont là de bien vastes questions, qui ne sauraient
ici trouver leur place, et nous laisserons à des écrivains plus
autorisés le soin de les discuter. C'est d'ailleurs à tort que, dans
l'opinion publique, on attribue aux traités de commerce la suppression des droits qui protégeaient les produits de l'agriculture.
Les uns, ceux qui frappaient les grains étrangers, le bétail, etc.,
ont été réduits par de hautes considérations d'humanité et d'ordre
public. D'autres, les droits sur les laines, les cotons, les autres
matières textiles, etc., ont été supprimés dans l'intérêt de l'industrie, à qui on voulait donner une grande impulsion. Mais ces
mesures sont toutes spontanées et d'ordre intérieur. Elles ont été
prises sans concert aucun avec les gouvernements étrangers. Elles
pourraient dès lors être révoquées sans délais, si l'expérience dé-
montrait qu'elles ont produit des effets funestes. C'est donc le cas
de les étudier sérieusement et de rechercher avec une scrupuleuse
attention si elles sont la cause principale, ou tout au moins l'une
des causes du malaise dont se plaint l'agriculture.

I

LES CÉRÉALES.

La France est un pays essentiellement agricole. Aujourd'hui encore, malgré le développement industriel auquel nous assistons, l'agriculture reste son principal intérêt, et pendant de longs siècles elle a été son intérêt exclusif. L'ancienne monarchie, cependant, n'avait pas étendu à l'agriculture le système protecteur. Une mauvaise administration, des institutions iniques, entravaient le développement de la production ; le misérable état des routes, les douanes intérieures rendaient impossible le transport des grains ; la misère était grande dans les campagnes, les disettes fréquentes ; et si le pouvoir royal intervenait parfois dans le commerce des céréales, c'était pour favoriser l'entrée des blés étrangers ou interdire l'exportation des blés français ; jamais pour protéger l'agriculture par des droits de douane.

La République et l'Empire suivirent les mêmes errements. On n'a pas oublié les embarras de nos premières assemblées aux prises avec la rareté des subsistances ; les émotions populaires, le pillage des farines, le maximum et les combats navals de prairial an II, et l'héroïsme du *Vengeur* périssant dans les flots pour assurer l'entrée à Brest d'un convoi de blé des Etats-Unis. Ce n'était pas alors le cas de repousser par des droits de douane les céréales étrangères. Quant à l'Empire, il eut moins encore à se préoccuper de modérer les arrivages dans nos ports ; les croisières anglaises le dispensèrent de ce souci, et nous ne voyons pas d'ailleurs que les récoltes de cette époque aient dû appeler l'attention du pouvoir par leur insuffisance ou leur abondance excessive[1].

---

[1] Le prix moyen du froment tomba cependant en 1809, à fr. 14 86 l'hectolitre ; en 1811 il s'éleva à fr. 26 13 et en 1812 à fr. 34 34. Les autres années ne donnèrent que des prix modérés.

C'est le gouvernement de la Restauration qui le premier frappa d'un droit l'importation des céréales étrangères. Ce droit fut d'abord insignifiant : la loi de douane du 28 avril 1816 (tarif N° 3, section II), l'avait fixé à 0ᶠ 50ᶜ par quintal métrique ; mais les lois du 16 juillet 1819 et du 4 juillet 1821 vinrent changer cette situation et créer de toutes pièces ce qu'on a depuis appelé le système de l'*Echelle mobile*.

D'après ce système, le froment étranger devait payer un droit permanent de 25 c. par hectolitre, quand l'introduction avait lieu sous pavillon français, et de 1ᶠ 25 quand elle se faisait par navires étrangers. Les départements frontières étaient divisés en quatre classes, où l'on constatait officiellement chaque mois le cours moyen du blé. Quand le prix moyen tombait à fr. 26, dans les départements de la première classe (fr. 24 dans la seconde classe, fr. 22 dans la troisième, et fr. 20 dans la quatrième), on percevait un droit supplémentaire de 1 fr. par hectolitre, et ce droit augmentait de 1 fr. par chaque franc de baisse nouvelle constatée.

L'importation était interdite lorsque le prix moyen descendait au-dessous de fr. 24 dans la première classe [1]. Si au contraire la hausse venait à se produire, et si le prix de l'hectolitre dépassait 26 fr., l'exportation était suspendue.

Des dispositions analogues étaient applicables au seigle, aux autres céréales et aux farines.

Sous l'empire de ces deux lois, comme il est facile de le voir par ce qui précède, le droit perçu pouvait varier de 0ᶠ 25ᶜ à fr. 4 25 par hectolitre de froment, et le commerce avec l'étranger était interdit à l'exportation lorsque le prix du blé s'élevait au-dessus de fr. 26, et à l'importation lorsqu'il tombait au-dessous de fr. 24. Aussi ce commerce se réduisait-il à presque rien dans les années abondantes. Il était par exemple pour le froment (commerce spécial) :

---

[1] Fr. 22 dans la deuxième classe, fr. 20 dans la troisième, et fr. 18 dans la quatrième.

	IMPORTATIONS.		EXPORTATIONS [1].	
1822.....	976 hectolitres..		72,226 hectolitres.	
1823.....	1,240	—	90,100	—
1824.....	1,257	—	217,703	—
1825.....	950,663	—	799,225	—
1826.....	90,004	—	541,411	—
1827.....	66,426	—	219,145	—

Cet état de choses excitait des plaintes fondées, et à la suite
d'une série d'années (1827 à 1832) pendant lesquelles la production était restée au-dessous des besoins, le système dut être
modifié dans un sens libéral par les lois du 20 octobre 1830 et du
15 avril 1832. Il nous paraît inutile d'exposer ici avec détail le
mécanisme de ces dispositions nouvelles, et nous nous bornerons
à en faire connaître l'esprit en transcrivant le passage suivant
de l'exposé des motifs de la loi de 1832 :

« Le projet du gouvernement consiste à supprimer les prohibi-
» tions soit à l'exportation, soit à l'importation, à les remplacer
» par un tarif convenablement gradué sur le véritable cours des
» céréales, tarif qui rendrait le droit insensible quand la cherté
» dépasserait une certaine limite, et s'aggraverait au contraire
» jusqu'à devenir prohibitif dans l'hypothèse d'une baisse nuisible
» au producteur ; combinaison qui, en affranchissant le commerce
» des grains des chances trop hasardeuses auxquelles il est main-
» tenant exposé, lui donnerait à la fois plus de sécurité et plus
» de moralité, lui permettrait de prévoir les variations des cours
» et d'y faire face sans danger, en même temps qu'elle garantirait
» l'agriculture nationale des brusques secousses que lui impriment
» ces importations hâtives et irrégulières, qui jettent à-la-fois
» sur le marché de grandes masses de grains étrangers, et causent
» fréquemment des perturbations funestes. Par là les cours con-
» serveront plus de fixité, et nos marchés ne seront plus aussi

---

[1] Dans ce tableau sont totalisées les importations et les exportations des
grains et des farines. 70 kilos de farines y sont admis suivant l'usage pour
100 kilos de grains, et l'hectolitre pour un poids moyen de 75 kilos.

» fortement affectés par des alternatives de surabondance et de
» disette. »

Ce but, si nettement indiqué, a-t-il pu être atteint dans la
pratique ? Il suffit, pour répondre à cette question, de rappeler
que, sous l'empire de l'échelle mobile, le prix moyen de l'hectolitre de froment a été :

En 1822. . . . . de Fr.	15 49
1825.	15 74
1826.	15 85
1834.	15 25
1835.	15 25
1849.	15 37
1850.	14 33
1851.	14 63

Qu'en revanche on l'a vu s'élever :

En 1847. . . . . à Fr.	29 01
1854.	29 09
1855.	29 37
1856.	30 22

Ce qui signifie que les mesures prises pour maîtriser et fixer le
cours des grains, ont toujours été illusoires.

La sécurité, en effet, est l'âme du commerce et il ne pouvait
s'accommoder d'une législation dont le principe même était l'ins-
tabilité. Les exportations ne pouvaient prendre un grand développement, faute de relations habituelles et régulières avec les
pays importateurs. Quant aux importations, on les risquait toujours avec une sorte d'hésitation et de répugnance ; car la pru-
dence la plus consommée ne pouvait prévoir sûrement le droit
qu'il faudrait payer à l'entrée des grains qu'on faisait venir de
Crimée ou des Etats-Unis. Les tarifs variaient sans cesse avec les
cours, et les calculs les plus exacts se trouvaient chaque jour
trompés par l'évènement.

Cette hésitation du commerce devenait funeste après une mauvaise récolte. Les vides se comblaient lentement. Les populations

souffraient. On s'en aperçut après la moisson de 1846, qui laissait un déficit considérable, et les lois des 28 janvier et 24 février 1847, suspendirent l'action de l'échelle mobile, en même temps qu'une ordonnance royale interdisait l'exportation. Des mesures semblables et plus énergiques furent prises de nouveau dans des circonstances, analogues en 1853, 1854 et 1855. On y recourut encore en 1860, et l'agriculture finit par reconnaître que la protection dont on était censé la couvrir était un leurre, car elle disparaissait à la moindre hausse, pour retomber sur elle avec toutes ses entraves aussitôt que la baisse revenait. Dès 1859, personne ne se faisait plus d'illusions : l'échelle mobile était condamnée dans tous les esprits. Il fallait donc changer la législation, et après une enquête sérieuse suivie de discussions approfondies, la loi du 15 juin 1861 vint établir un régime nouveau, sous lequel nous vivons encore aujourd'hui.

Le principe essentiel de cette loi est celui de la fixité. Elle autorise l'exportation, sans droits, des grains et farines de toute espèce et retire à l'administration la faculté qu'elle tenait de la loi du 17 décembre 1814 (art. 34), d'interdire la sortie des céréales par simples décrets.

Les grains et farines importés sont admis au bénéfice de l'entrepôt fictif, ce qui signifie que l'importateur peut les entreposer dans ses propres magasins, qu'il a la faculté de faire décharger son compte en réexportant, et que, dans tous les cas, il n'est tenu d'acquitter les droits qu'au moment de la mise en consommation. Quant aux droits eux-mêmes, ils sont fixés de la manière suivante :

		Grains.	Farines.
Son de toutes sortes de grains, seigle, maïs et toutes autres céréales (le froment, l'épeautre, et le méteil exceptés).	par navires français et par terre......	Exempts.	Exempts.
	par navires étrangers.............	100ᵏ 0 50	100ᵏ 0 50
Froment, épeautre et méteil.	par navires français et par terre.....	0 50ᶜ	1ᶠ
	par navires étrangers............	1ᶠ »	1 50ᶜ

En réalité c'est ce dernier droit qui malheureusement est presque toujours appliqué, car la part de la marine française dans le transport des grains ne va guère au-delà de 5 0/0 de la masse totale. Le reste, soit 95 0/0 environ, est transporté par des navires étrangers, surtout par les Grecs, les Italiens et les Autrichiens.

La question est aujourd'hui de savoir, si l'on peut attribuer en partie à la loi du 15 juin 1861 la gêne dont se plaint l'agriculture, en d'autres termes, si cette loi est la cause du bas prix actuel du froment. Nous disons du *froment* et non pas des *céréales*, car pour les céréales de second ordre la question ne saurait même pas être posée. Le seigle et l'orge se vendent en effet pour l'exportation à des prix avantageux. Et le prix de l'avoine est cette année excessif.

Au premier coup-d'œil, il faut bien le reconnaître, l'examen des faits ne paraît pas favorable à la nouvelle législation. Si l'on jette les yeux sur les cours officiels du froment, on trouve en effet que depuis 1861 les prix moyens de l'hectolitre pour toute la France ont été les suivants :

1861	1862	1863	1864	1865
24 55	23 24	19 78	17 58	16 41

Cette baisse continue et rapide a frappé les cultivateurs, et comme elle coïncide avec la suppression de l'échelle mobile, ils l'attribuent assez naturellement au changement de régime.

Si l'on fait cependant la moyenne de ces cinq années, on trouve que le prix de l'hectolitre ressort à..............Fr. 20 16

Or la moyenne générale des 39 années pendant lesquelles a subsisté l'échelle mobile (de 1822 à 1860) n'est que de...F. 19 88

Il reste donc encore une plus-value de..........F. 0 28 au profit de la dernière période, et cette considération seule suffirait à établir combien peu les plaintes sont fondées. Mais il faut cependant examiner les choses de plus près et déterminer exactement, s'il se peut, les véritables causes de la baisse.

De quelque manière qu'on l'envisage (et sur ce point il ne saurait y avoir deux opinions), une baisse commerciale indique toujours la présence sur le marché d'une quantité de marchandises supérieure aux besoins de la consommation. La seule conclusion qu'il soit permis de tirer avec certitude des faits indiqués plus haut, c'est donc que, depuis 1861, il y a eu une surabondance de blé toujours croissante. Cette surabondance, d'ailleurs, peut tout aussi bien avoir été causée par un excès de production que par un excès d'importation. Dans le dernier cas, incontestablement, il en faudrait accuser le régime libéral inauguré par la loi de 1861. Il en serait tout autrement au contraire, s'il était prouvé que les importations ont été nulles ou insignifiantes et que la production seule a été excessive. Là est toute la question.

On a beaucoup discuté dans ces derniers temps sur les importations et les exportations de froment, sur les documents publiés par l'administration des douanes et sur l'usage qu'il convient d'en faire. Sans entrer dans ces discussions, qui nous paraissent surperflues, nous dirons simplement que nous croyons devoir nous attacher ici à ce qu'on appelle le *commerce spécial*. Il comprend d'une part tous les blés étrangers qui ont été importés en France et livrés effectivement à la consommation ; d'autre part tous les blés français ou étrangers que l'on a retirés de la consommation et exportés réellement : on y trouve par conséquent toutes les opérations qui ont pu influer sur les cours des marchés intérieurs. Quant au *commerce général,* il comprend en outre le mouvement des entrepôts, celui du transit, etc. Nous ne croyons pas devoir nous y arrêter, car il importe peu aux recherches, dont nous nous occupons que des blés étrangers aient traversé le territoire français sans s'y arrêter, ou qu'ayant été admis dans nos entrepôts, ils aient ensuite été réexportés.

Nous ajouterons que, pour plus de simplicité, on a dans le tableau ci-dessous ramené à la même unité le mouvement des grains et celui des farines. Cette unité, c'est l'hectolitre de grain. 70 kil. de farines ont été admis, suivant l'usage, pour 100 kil. de grains, et l'hectolitre de grains pour 75 kil.

Voici donc le mouvement des importations et des exportations de la dernière période quinquennale publié par l'administration des douanes *(commerce spécial)* :

ANNÉES.	IMPORTATIONS.			EXPORTATIONS.			EXCÉDANT	
	Froment, épeautre et méteil (hectolitres).	Farines évaluées en hectolitres de grains.	TOTAUX.	Froment, épeautre et méteil (hectolitres).	Farines évaluées en hectolitres de grains.	TOTAUX.	des importations — Grains.	des exportations — Grains.
1861	11,497,051	1,410,507	12,907,558	482,391	707,002	1,189,393	11,718,165	»
1862	5,181,521	750,089	5,931,610	238,965	303,375	542,340	5,389,270	»
1863	2,031,471	297,396	2,328,867	573,326	214,580	787,906	1,540,961	»
1864	701,501	64,610	766,111	1,038,996	934,125	1,973,121	»	1,207,010
1865	378,43	27,875	66,312	2,285,898	1,118.625	3,404,523	»	3,338,211
							18,648,396	4,545,221

Dans ce tableau n'est pas compris le mouvement commercial entre l'Algérie et la France ; ce qui est naturel, puisque l'Algérie est aujourd'hui terre française.

Ce qui frappe au premier coup-d'œil, lorsqu'on étudie ce tableau, c'est tout à la fois la diminution constante des importations et l'accroissement continu des exportations. Les premières, en effet, descendent progressivement du chiffre énorme de 12,907,558 hectolitres en 1861 au chiffre insignifiant de 66,312 hectolitres en 1865. Les secondes, au contraire, partent de 542,340 hectolitres en 1862, pour s'élever d'année en année jusqu'à 3,404,523 hectolitres en 1865. Ce n'est certes pas là une circonstance d'où il soit permis de conclure que notre agriculture se trouve placée sous la menace d'une invasion irrésistible de blés étrangers.

Cependant on insiste. Aux excédants d'importation constatés en 1861, 1862 et 1863, soit au total....... 18,648,396 hect.

On oppose les excédants d'exportation constatés en 1864 et 1865, soit ensemble....... 4,545,221

Et l'on obtient ainsi, pour la période entière, un excédant d'importation de..... 14,103,175 hect.

Soit en moyenne, par année, 2,820,635 hectolitres [1].

Ce raisonnement, à notre avis, ne détruit pas l'observation qui précède, et il ne tient d'ailleurs nul compte du déficit énorme de la récolte de 1861. Il suffit, pour en reconnaître l'erreur, de rappeler quelques faits d'une authenticité incontestable.

Les récoltes de 1857, 1858, 1859 et 1860 avaient été excellentes [2]. L'exportation prit un développement jusque là sans exemple. L'excédant des exportations sur les importations fut :

en 1858, de   4,697,327 hectolitres.
en 1859, de   6,716,847   »
en 1860, de   4,056,966   »

Total pour les trois années   15,471,140 hectolitres.

Il est donc permis de croire qu'après de semblables exportations, les réserves disponibles en 1861 ne pouvaient plus être bien considérables. Cependant, la récolte de 1861 fut désastreuse. Elle produisit à peine 75 millions d'hectolitres, tandis que la consom-

---

[1] Marquis d'Andelarre. Enquête agricole, tableau N° 7.

[2] 1859, toutefois, ne produisit que 87,545,960 hect., ce qui est un peu inférieur aux besoins ordinaires de la consommation.

mation moyenne de la France est estimée à 90 millions par an [1]. Le déficit fut donc en chiffres ronds de 15 millions d'hectolitres, et l'excédant des importations de 1861 et 1862 ne fit guère que combler le vide. Ces excédants furent en effet :

en 1861, de 11,718,165 hectolitres;
en 1862, de   5,389,270

ENSEMBLE........... 17,107,435 hectolitres,

qui purent seulement suffire aux besoins courants et reconstituer quelques réserves.

Si l'on veut rester dans le vrai et apprécier l'effet normal de la nouvelle législation, il faut donc laisser de côté les années 1861 et 1862, pendant lesquelles le commerce des grains a obéi à des nécessités tout à fait exceptionnelles. On se trouve alors en présence des trois seules années 1863, 1864 et 1865, années pendant lesquelles la consommation française s'est trouvée rendue à ses conditions naturelles, et l'on obtient pour les trois années les résultats suivants :

Exportations........ 6,165,550 hectolitres.
Importations........ 3,161,290   »

EXCÉDANT des exportations... 3,004,260   »

Ce qui revient à dire que, pendant cette période, non-seulement les blés étrangers n'ont pu dominer le marché français, comme on s'était plu à le prédire, mais que ce sont au contraire nos blés et nos farines qui, sur les marchés étrangers, sont allés faire une concurrence victorieuse. Et loin de s'arrêter, ce mouvement d'exportation se développe chaque jour avec une rapidité merveilleuse, car les derniers états de douane, pour les mois de janvier et février 1866 donnent les résultats suivants :

Exportations........ 1,745,000 quintaux métriques.
Importations........   259,000   »   »

EXCÉDANT des exportations.. 1,486,000   »   »

Soit environ 1,981,333 hectolitres.

[1] Ce chiffre nous paraît même trop faible, comme nous l'expliquerons plus bas.

Ces chiffres nous paraissent répondre complètement à une objection qui a été faite avec insistance, et que beaucoup d'esprits avaient d'abord acceptée. Il n'est pas nécessaire, a-t-on dit, que les céréales étrangères, pour agir sur les cours et entraîner la baisse, soient présentées effectivement sur le marché. Il suffit que l'existence en soit constatée dans les ports des pays producteurs. Avec le télégraphe et la vapeur, quelques heures suffisent aujourd'hui pour connaître les cours et donner des ordres d'achats ; quinze jours, trois semaines au plus pour faire arriver dans nos ports les blés des pays les plus éloignés. Dès lors ce sont les cours des marchés étrangers qui règlent les nôtres, et le prix du froment au Havre ou à Dunkerque, par exemple, ne peut être tout au plus que le prix de Londres ou de Dantzick, majoré des frais de transport et de commission. Ceci évidemment est vrai dans une certaine mesure. Il faut même reconnaître que l'objection serait sans réplique, si dans les dernières années les importations de blés étrangers avaient dépassé ou simplement balancé nos exportations. Mais c'est justement le contraire qui s'est produit : nos exportations l'ont emporté de 4,500,000 hectolitres.

Nous avons donc été faire la baisse au dehors, et ce n'est pas nous qui l'avons subie.

Où se serait d'ailleurs produite avec le plus d'énergie cette action supposée des blés étrangers ? Apparemment aux lieux où ils pouvaient arriver le plus vite et en plus grande abondance. Si la baisse avait eu pour cause les offres, ou seulement la menace des offres du dehors, ce n'est pas sur les marchés intérieurs qu'on l'aurait vue se manifester, c'est évidemment dans nos ports et plus spécialement dans ceux qui se livrent à l'importation des céréales sur la plus grande échelle. Ceci nous conduit à rechercher quels sont à notre égard les pays exportateurs de céréales, et aussi quelle est, pour ce genre de négoce, l'activité relative de nos ports de mer. Nous verrons ensuite si les cours ont le plus fléchi là où se produisaient et surtout où auraient pu se produire les plus grandes importations.

Nous importons en général des quantités notables de froment

des états de la Confédération germanique. Nous en exportons au contraire en Suisse et quelquefois en Belgique ; mais l'Angleterre est de beaucoup le pays le plus important pour ce genre de commerce, dans notre voisinage immédiat. Depuis 1846 le Parlement britannique a supprimé tous les droits protecteurs[1], nonseulement sur les céréales, mais encore sur toutes les denrées alimentaires et sur la plupart des matières premières employées par l'industrie. Et comme l'agriculture du pays ne peut à beaucoup près suffire aux besoins de sa population, comme il faut chaque année combler l'énorme déficit de 20 à 25 millions d'hectolitres de froment, l'Angleterre est devenue l'entrepôt permanent et le marché régulateur du monde entier. Nous pouvons y recourir quand nos prix s'élèvent, et nous l'avons fait largement en 1861. Nous pouvons au contraire lui envoyer notre trop plein quand les prix s'abaissent sur nos marchés. Nous le faisons depuis 1863, et ce débouché acquiert pour nous chaque jour une importance plus grande.

Quant aux États producteurs, ceux qui peuvent régulièrement alimenter l'Angleterre et nous-mêmes, ils ne sont pas en bien grand nombre, et les rapports directs que nous entretenons avec eux roulent sur des chiffres fort variables. Du côté de l'Océan Atlantique et de la mer du Nord, tout se borne aux provenances de la Baltique et à celles des États-Unis. Mais la Russie septentrionale, le Danemark, etc., ont peu de chose à exporter ; ils trouvent le placement de leur trop plein en Hollande ou en Angleterre, et n'entretiennent avec nous qu'un courant d'affaires insignifiant. Quant aux États-Unis, ils n'exportaient guère davantage avant la guerre civile. Les céréales du Nord servaient alors à nourrir les états du Sud, qui produisaient du coton, du café ou du sucre. On estime aujourd'hui leur puissance d'exporta-

---

[1] On a seulement conservé quelques droits fiscaux qui rapportent environ quinze millions par an. A l'importation, les céréales paient 1 schilling le quarter (43 centimes l'hectolitre); la farine 4 1/2 d. le quintal (93 centimes les 100 kilos). L'exportation est libre.

tion à cinq ou six millions d'hectolitres, mais la presque totalité va à Liverpool, à Londres ou à Bristol, et ce n'est guère qu'en 1861 et 1862 que le Hâvre en a reçu des quantités importantes. Ces blés américains viennent d'ailleurs des plus lointains Etats de l'Ouest. On les transporte d'abord péniblement à Chicago, d'où ils vont à New-York s'embarquer pour l'Europe. Ils y arrivent enfin grevés d'énormes frais de transport, de commission, de primes d'assurances, et par conséquent hors d'état de peser sérieusement sur nos marchés.

Les véritables pays producteurs, à notre point de vue, se trouvent au Midi : ce sont les Etats que baigne la Méditerranée. Sans parler de l'Espagne et de l'Italie, qui nous envoient peu de chose, de l'Algérie, dont la production se développe assez rapidement, de l'Egypte, qui était autrefois un pays de grande exportation et qui pourrait le devenir de nouveau [1], il y a là l'Autriche, dont les ports italiens et dalmates font un commerce considérable; la Turquie, bien plus productive encore, la Hongrie et les provinces du Danube, que leur fleuve met en communication rapide avec la mer Noire. Il y a surtout les plaines immenses de la Russie méridionale, qui, par le Dniester, le Dnieper et leurs affluents concentrent leurs produits à Odessa, d'où ils se répandent sur toutes les côtes de la Méditerranée et jusqu'en Angleterre.

Le tableau suivant, dont les chiffres ont été relevés sur les états officiels de la douane, indique par pays de provenance ou de destination le mouvement de notre commerce de céréales pendant les années 1861, 1862, 1863 et 1864 [2] :

[1] Depuis quelques années l'Egypte tend à substituer la culture du coton à celle des céréales.

[2] Voici un spécimen des calculs par lesquels on a obtenu les chiffres du tableau.

BELGIQUE.

IMPORTATIONS.		EXPORTATIONS.	
1861. Grains, q^x 264,524		Grains, quintaux 21,827	
Farines : 29,625	306,845	Farines, 17,143 q^x 24,490	46,317
q^x don^t en grains à			
rais. de 70 k. p. q^l 42,321			

FRONTIÈRE DE TERRE.

Association allemande. Excédant d'importations ... 2,228,268 hect.
Belgique. — — ... 812,120

TOTAL ... 3,040,388 hect.

Suisse. Excédant d'exportations À DÉDUIRE ... 1,072,320

Excédant d'importations par les frontières de terre ... 1,968,068 hect.

ANGLETERRE.

Excédant des importations provenant principalement des années 1861 et 1862 ... 1,354,104 hect.

OCÉAN ATLANTIQUE.

Danemark. Excédant d'importations ... 84,894 hect.
Russie (mer Baltique). — — ... 152,890
Villes Anséatiques. — — ... 183,017
Etats-Unis. — — ... 4,406,088

TOTAL ... 4,826,889 hect.

IMPORTATIONS.		EXPORTATIONS.	
1862. Grains, q^x 438,167 Farines : 91,276 quintaux 130,394	568,561	Grains, quintaux 38,031 Farines, 38,179 q^x 54,541	92,572
1863. Grains, q^x 172,710 Farines : 94,260 quintaux 134,657	307,367	Grains, quintaux 61,853 Farines, 37,767 q^x 53,951	115,804
1864. Grains, q^x 13,618 Farines : 746 quintaux 1,065	14,683	Grains, quintaux 223,662 Farines, 77,038 q^x 110,011	333,673
Total, quintaux	1,197,456	Total, quintaux	588,366
Exportations...	588,366		

Excéd. des importations 609,090
Soit à raison de 75 kil. par hectolitre 812,120 hectolitres.

Pays divers.—Excédant d'exportations, composé
principalement de farines à destination des
colonies françaises...................... 268,109

Excédant des importations par l'Océan Atlantique   4,558,780 hect.

MER MÉDITERRANÉE.

Algérie.	Excédant d'importations	985,348 hect.
Espagne.	— —	447,316
Italie.	— —	664,280
Autriche.	— —	420,506
Egypte.	— —	442,313
Turquie.	— —	2,283,361
Russie (mer Noire).	— —	5,464,208

Excéd' des importations par la mer Méditerranée   10,707,332 hect.

Que si maintenant on veut se rendre compte du mouvement
de nos principales places maritimes pendant la même période
(1861 à 1864), on trouvera les chiffres suivants [1] :

	Excédant des importations.	Excédant des exportations.
	Hectolitres.	Hectolitres.
Dunkerque.............	2,475,649	»
Le Havre.............	5,889,624	»
Nantes...............	»	1,726,908

[1] Les chiffres ci-dessous sont extraits des états du mouvement des
ports, qui parlent des céréales en termes génériques, sans distinguer le
froment des autres grains. Il nous paraît probable que les importations du
Hâvre et de Marseille sont surtout composées de froment. Quant aux exportations de Nantes, elles doivent comprendre une forte proportion
d'orge. L'Angleterre, en effet, en tire maintenant des quantités toujours
croissantes de la Bretagne, du Maine et de la Vendée (Jos. Fischer. The
Food supplies of western Europe).

	Excédant des importations.	Excédant des exportations.
	Hectolitres.	Hectolitres.
Bordeaux............	»	101,557
Marseille............	9,472,732 [1]	»

C'est donc dans la Méditerranée que se concentre notre principal commerce de céréales. C'est par Marseille, en particulier, que se font de ce côté presque toutes nos importations ; et si, comme on l'a prétendu, ces achats de blés étrangers sont de nature à écraser les cours et à ruiner notre agriculture, c'est évidemment en Provence que la baisse doit se manifester d'abord pour envahir de proche en proche le pays tout entier. Nous n'avons pas à notre disposition les mercuriales de Marseille. Mais le *Moniteur* du 5 mars dernier a publié les cours moyens de la France entière et ceux de chaque région agricole pour la dernière période quinquennale, et voici les chiffres que nous y trouvons :

Prix moyens	1861	1862	1863	1864	1865
Pour la France entière..	24,55	23,74	19,78	17,58	16,41
Pour la région Sud-Est.	24,50	24,95	22,39	19,31	18,97

Ce qui peut se résumer encore de la manière suivante :

Moyenne générale	(1861 à 1865)
Pour la région Sud-Est......	22,02
Pour toute la France.........	20,31
Différence... Fr.	1,71

[1] Voici le détail du mouvement du port de Marseille :

IMPORTATIONS.		EXPORTATIONS.	
1861. Céréales, grains qˣ 3,653,120		Céréales, grains. 28,507	
		Farine de froment :	75,365
		32,801 qˣ à 70 % 46,858	
A reporter... 3,653,120			75,365

Ainsi, pendant les cinq dernières années, malgré les efforts de la spéculation et dans les provinces mêmes où elle s'exerçait le plus activement, le blé s'est toujours payé plus cher que partout ailleurs. Et cette cherté constante se traduit en dernière analyse par une différence moyenne de fr. 1,71 dans les départements importateurs.

Il en est de même, d'ailleurs, en Angleterre, où affluent les céréales de tous les pays producteurs, et dont les marchés, comme nous l'avons dit plus haut, fournissent les cours régulateurs du monde entier. Là, le froment se vend presque toujours fr. 1,50 ou fr. 2 plus cher qu'en France : c'est la situation normale des entrepôts anglais. Nous pouvons bien, dans un moment de crise, y puiser des ressources accidentelles ; mais, en règle générale, l'Angleterre est pour nous un débouché et non pas un lieu d'approvisionnement. C'est ce que prouve sans réplique le tableau suivant, où l'on voit nos importations décroître rapidement depuis 1861, et cesser même tout-à-fait en 1865, tandis que nos exportations suivent une progression inverse et prennent un développement chaque jour plus considérable.

IMPORTATIONS.		EXPORTATIONS.	
Reports........	3,653,120		75,365
1862. — —	2,136,541	Céréales, grains. 46,930 Farine de froment : 29,541 q^x à 70 % 33,630	80,560
1863. — —	973,156	Céréales, Grains. 58,615 Farine de froment : 8,985 q^x à 70 % 12,835	71,450
1864. Céréales (grains et farines)..........	602,480	Céréales (grains et farines	33,873
Total....	7,365,297	Total......	260,748
Exportations à déduire..	260,748		

Excéd. des importations 7,104,549 quintaux, soit 9,472,732 hectolitres.

ANGLETERRE (FROMENT. — COMMERCE SPÉCIAL.)

IMPORTATIONS.	Totaux.	EXPORTATIONS.	Totaux.
1861. Grains, q^x 1,587,847		Grains, quintaux 229,764	
Farines :	1,990,824	Farines, 94,398 q^x	364,618
282,084 q^x à 70 % 402,977		à 70 %....... 134,854	
1862. Grains, quintaux... 146,474		Grains.......... 72,984	
		Farines, 12,713 q^x	91,145
		à 70 %....... 18,161	
1863. Grains, q^x 144,790		Grains.......... 156,274	
Farines :	169,138	Farines, 28,783 q^x	197,392
17,044 q^x à 70 % 24,348		à 70 %....... 41,118	
1864. Grains, q^x 12,658		Grains.......... 249,759	
Farines :	14,756	Farines, 281,890	652,459
1,462 q^x à 70 % 2,088		quint^x à 70 %. 402,700	
1865 [1].		Grains........ 1,622,400	
		Farines, 226,800	1,946,400
		quint^x à 70 %. 324,000	
Total, quintaux.. 2,321,192		Total, quintaux.. 3,222,014	
Soit 3,094,922 hectolitres.		Soit 4,296,018 hectolitres.	

Les recherches étendues auxquelles nous venons de nous livrer démontrent à l'évidence, si nous ne nous trompons, que la baisse continue dont se plaignent les cultivateurs n'a pas été et n'a pas pu être produite par les importations de céréales étrangères.

[1] Il n'y a pas eu d'importations en 1865. Les chiffres des exportations ne nous sont connus que pour les dix premiers mois de l'année, et ils sont les suivants :

Grains.......... .... 1,352,000 quintaux.
Farines, 189,000 quintaux à 70 %.. 270,000 —

Ensemble .... 1,622,000 quintaux.
Soit 2,162,666 hectolitres.
Nous avons majoré ces chiffres d'un cinquième, pour obtenir par approximation ceux de l'année entière.

Cependant cette baisse est un fait constant. Par cela seul qu'elle existe, elle prouve suffisamment la présence sur les marchés de quantités de blé supérieures aux besoins de la consommation. Et comme d'ailleurs ces blés ne sont pas venus du dehors, il faut bien qu'ils aient été fournis par la production intérieure. C'est là une conséquence irrésistible qu'on pourrait à la rigueur se dispenser d'appuyer d'aucune démonstration directe.

La démonstration, cependant, peut se faire au moyen des données de la statistique. En recourant à ces chiffres, fort souvent contestés, nous sommes loin de nous dissimuler qu'ils ne peuvent présenter un caractère de certitude absolue. Il ne s'agit plus ici, en effet, comme dans les tableaux de l'Administration des Douanes, de faits sur lesquels les agents de l'État ont exercé un contrôle direct et permanent. Pendant de longues années, la statistique s'est faite un peu arbitrairement. La statistique agricole surtout a laissé beaucoup à désirer, parce que les éléments en étaient plus difficiles à réunir, et que personne n'en avait la responsabilité. Mais, depuis l'établissement des commissions cantonales, le travail s'est beaucoup amélioré. Nous ne voudrions certes pas prétendre qu'il soit parvenu à la perfection ; cependant il exprime la vérité telle que la peuvent connaître les hommes les plus pratiques et les mieux renseignés du pays, et cela est suffisant pour le but que nous nous proposons.

Dans les recherches de cette nature, il faut tenir compte de deux éléments corrélatifs : la population et la production

Le chiffre de la population française a, depuis un demi-siècle, été établi périodiquement avec une précision rigoureuse.

Il était, en 1821, de........ 30,461,875 habitants.
     En 1836, de........ 33,540,892   —
     En 1846, de........ 35,400,486   —
     En 1850, de........ 35,783,170   —
   Enfin, en 1861, de........ 37,386,313   — en comptant

la Savoie et le comté de Nice, récemment annexés à l'Empire. L'accroissement a donc été continu, mais assez lent, et l'on serait certainement au-dessus de la vérité si l'on estimait aujourd'hui la population française à 38,000,000 d'habitants.

De son côté, la production du froment a marché dans le même sens, mais avec plus de rapidité. Ce mouvement n'apparaît pas tout d'abord, lorsque, jetant les yeux sur les tableaux statistiques, on considère chaque année isolément. On remarque alors entre beaucoup d'années successives des différences considérables, et la production semble parfois rétrograder. Mais il en est tout autrement lorsqu'on groupe les chiffres par périodes quinquennales, et qu'on en déduit une moyenne annuelle pour chaque période. L'effet des mauvaises récoltes se trouve alors compensé en grande partie, et l'accroissement continu de la production apparaît clairement. Voici les résultats que donne ce travail depuis 1821 jusqu'aux premières années de l'Empire :

	Moyennes annuelles.
De 1821 à 1825........	58,115,397 hectolitres.
De 1826 à 1830........	58,461,780 —
De 1831 à 1835........	67,254,112 —
De 1836 à 1840........	69,936,267 —
De 1841 à 1845........	74,168,907 —
De 1846 à 1850........	81,010,208 —
De 1851 à 1855........	81,178,451 —

L'une des plus vives préoccupations du Gouvernement impérial a été le développement de la production agricole. Nul autre gouvernement n'a autant fait pour l'agriculture. Sans entrer ici dans des détails superflus, il suffit de rappeler l'immense opération de la fixation des dunes et de la mise en valeur des landes de Gascogne, la création des routes agricoles des Landes, de la Sologne, de la Brenne et de la Dombes ; les encouragements accordés en Sologne à l'emploi de la marne et le creusement des canaux de la Sauldre et du Beuvron, destinés à en faciliter le transport ; le desséchement des marais de la Dombes et de la Corse ; les primes accordées pour l'emploi des amendements calcaires dans les départements des Côtes-du-Nord, du Finistère et du Morbihan ; enfin la création des concours régionaux et nationaux, les grandes primes d'honneur, les récompenses de tout genre accordées à l'agriculture et l'immense émulation que ces mesures libérales ont inspirée à nos campagnes.

Les résultats ne se sont pas fait attendre, et les chiffres suivants, qui indiquent pour les quinze dernières années le nombre d'hectares consacrés à la culture du froment, ont une éloquence incontestable :

1850	5,951,384	hectares.
1851	5,999,376	—
1852	6,090,049	—
1853	6,210,605	—
1854	6,408,238	—
1855	6,419,330	—
1856	6,468,236	—
1857	6,593,530	—
1858	6,639,688	—
1859	6,709,278	—
1860	6,711,298	—
1861	6,754,227	—
1862	6,881,613	—
1863	6,918,768	—
1864	6,889,073	—
1865 [1]	6,900,000	—

Ainsi donc, dans l'espace de quinze années, les surfaces consacrées au froment s'élevaient de 5,951,384 hectares à 6,900,000, et le rendement moyen par hectare s'améliorait en même temps, car il était, de 1846 à 1855, de........ 13 hectolitres 65 litres, tandis que, de 1856 à 1865, il a été de.. 14 hectolitres 56 litres. Aussi avons-nous vu, dans les dix dernières années, les moyennes quinquennales de production dépasser de beaucoup tout ce qu'on avait obtenu jusque-là. Tandis que, de 1851 à 1855, comme nous l'avons dit plus haut, cette moyenne avait été de 81,178,451 hectolitres, elle s'est élevée :

---

[1] Ce dernier chiffre n'est qu'approximatif. (Marquis d'Andelarre. *Enquête agricole*. Tableau N° 3.)

De 1856 à 1860, à..... 98,968,949 hectolitres,
Et de 1861 à 1865, à..... 99,769,392 hectolitres [1].

Des données qui précèdent il résulte en résumé que, de 1821 à 1861 [2], la population française a augmenté de 22,6 0/0, tandis que la production du froment augmentait de 70,3 0/0 ; qu'en 1821 la France produisait en moyenne chaque année 1 hect. 80 litres de blé par habitant, et qu'elle en produit maintenant 2 hect. 64. La question est de savoir dans quel rapport cette production ainsi développée se trouve avec les besoins de la consommation.

C'est un problème toujours fort délicat que celui qui consiste à déterminer la consommation moyenne d'un pays. La consommation, en effet, varie dans des proportions énormes d'individu à individu, en raison de l'âge, du sexe, de la position sociale, des habitudes et surtout des ressources. Mais dans l'ensemble même du pays, ces variations doivent encore être très-considérables d'année à autre. L'abondance des récoltes, l'activité du travail, l'aisance générale portent la consommation à son maximum. Elle décroît rapidement, au contraire, quand les récoltes sont mauvaises ou le travail languissant, car malheureusement, malgré le développement de la richesse publique, la vie pour beaucoup de familles est encore un problème. Dans ces familles, qui se soutiennent au jour le jour, quand l'année est mauvaise, on vit de peu, et parfois on meurt de besoin. Dans d'autres, où la misère est moins grande, on substitue à la farine de froment celle de

[1] M. le marquis d'Andelarre (*Enquête agricole,* tableau N° 3) donne seulement pour moyenne de ces cinq dernières années 97,508,265 hectolitres. Cela tient à ce qu'il a porté pour l'année 1865 le chiffre de 85,077,000 hectolitres, qui résultait en effet des premiers renseignements officiels. Mais cette récolte de 1865, qui avait donné peu de gerbes, a produit au battage un rendement exceptionnel. Les derniers renseignements, ceux qu'a publiés le *Moniteur* du 5 mars 1866, en estiment définitivement le produit à 95,431,028 hectolitres. C'est ce chiffre que nous avons adopté pour nos calculs.

[2] Nous nous arrêtons à cette date de 1861, parce que c'est celle du dernier recensement.

céréales plus grossières : le seigle, l'orge, le maïs, le sarrazin, même l'avoine. On peut même, dans une certaine mesure, substituer aux aliments solides, soit le café, dont les ouvriers belges, par exemple, savent utiliser les propriétés stimulantes, soit le vin et les spiritueux, qui alimentent la combustion des poumons et y remplacent utilement au besoin les autres substances carbonées. La consommation du froment doit donc varier chaque année en raison d'une multitude de circonstances, et vouloir en déterminer directement le chiffre avec précision, ce serait tenter une œuvre tout-à-fait arbitraire.

On l'a essayé cependant pour la France. Les hommes les plus compétents s'accordent même sur le chiffre approximatif de 90 millions d'hectolitres, dont 15 millions pour les semences et 75 millions pour la consommation des habitants et d'autres besoins accessoires. Nous n'entreprendrons pas de discuter ici les données de cette solution [1]. Un semblable travail pourrait nous mener fort loin, et, quoi que nous fissions d'ailleurs, il serait impossible de fournir à l'appui d'une opinion quelconque des preuves indiscutables. Mais, acceptant ce chiffre pour vraisemblable, puisqu'il est généralement admis, nous nous sommes demandé s'il ne serait pas possible de le soumettre à un contrôle indirect, et voici le moyen que nous avons trouvé.

Pendant cinq années consécutives, de 1853 à 1857, l'échelle mobile a été suspendue, l'exportation et la distillation interdites, l'importation entièrement libre [2]. Si l'on prend pour ces cinq années les quantités de froment fournies par la production nationale, si l'on y ajoute les importations officiellement constatées, et si l'on divise enfin par 5 la masse ainsi obtenue, on devra avoir très-approximativement le chiffre de la consommation annuelle. Nous avons fait ce calcul, et nous en reproduisons ci-dessous les éléments.

[1] On peut dire cependant que 15 millions d'hectolitres pour les semailles de 6,900,000 hectares donnent seulement 217 litres par hectare, ce qui est manifestement insuffisant.

[2] Décrets des 3, 18 août et 3 décembre 1853, des 26 octobre et 29 novembre 1854, du 2 juin 1855, etc.

Production annuelle.

1853....	63,709,638 hectolitres.
1854....	97,194,271 —
1855....	72,936,726 —
1856....	85,308,953 —
1857....	110,426,462 —

429,576,050 hectol., ci.... 429,576,050 hectol.

Importations (commerce spécial).

1853....	3,720,763 hectolitres.
1854....	5,373,457 —
1855....	3,502,473 —
1856....	8,677,143 —
1857....	3,478,193 —

24,752,029 hectol., ci.... 24,752,029 —

Total général ...... 454,328,079 —

Dont le 5ᵉ, soit..... 90,865,615 hectol.

représente évidemment pour cette période la moyenne de la consommation annuelle. On peut de là, en tenant compte de la plus grande étendue des cultures et de l'accroissement de la population, essayer de déduire le chiffre de la consommation actuelle. On arrivera ainsi au chiffre de 94 ou 95 millions d'hectolitres, qui, avec un peu d'exagération peut-être, nous paraît se rapprocher beaucoup de la vérité [1].

[1] La consommation en 1857 s'élevant, comme il est dit plus haut, à... 90,865,615 hectolitres

Pour déterminer l'importance de la consommation actuelle, il faut ajouter à ce chiffre :

1° Semailles de 406,470 hectares cultivés en plus, à 250 litres environ par hectare................ 1,016,175 —

2° Accroissement de la population, environ 1,600,000 individus, à 2 hectolitres par tête...... 3,200,000 —

Total présumé..... 95,081,790 hectolitres.

Nous regardons, au reste, ce chiffre comme un maximum, et nous le croyons même un peu exagéré.

Or, nous avons vu plus haut que la moyenne annuelle de la production du froment a été,

    de 1856 à 1860............... 98,968,949 hectolitres.

    de 1861 à 1865............... 97,508,265   —

Ce qui donne une moyenne décennale de..................... 98,238,607   —

La consommation s'élevant au maximum à 95 millions d'hectolitres, il y aurait donc un excédant annuel minimum de 3,238,607 hectolitres, ce qui, pour les trois dernières années[1] laisserait un stock sans emploi d'environ 10 millions d'hectolitres. C'est plus qu'il n'en faut pour expliquer la baisse constante des prix.

Mais en réalité la masse des excédants doit être beaucoup plus considérable, car la production des trois dernières années s'est élevée bien au-dessus de la moyenne décennale.

On estime en effet la production du froment :

En 1863 à....................... 116,781,794 hect.

Celle de 1864................... 111,274,018

Celle de 1865 à................. 95,431,028

       Ensemble............... 323,486,840 hect.

Et si l'on retranche :

1° La consommation de trois années à 95 millions d'hectolitres, soit. 285,000,000

2° L'excédant des exportations constaté plus haut pour la même période, soit...... 3,004,260

           288,004,260 hect.

Il reste un excédant de production de.... 35,482,580 hect. qui évidemment pèse sur le marché et empêche les cours de se relever.

Nous sommes donc en présence d'une crise causée par l'excès de la production. Ce genre de crise jusqu'ici avait été le mal ex-

---

[1] Nous avons expliqué plus haut (pag. 21 et 22) que les importations extraordinaires de 1861 et 1862 n'ont guère fait que combler le déficit de la récolte de 1861. C'est donc à partir de 1863 seulement que l'on peut tenir compte des excédants de production.

clusif de la grande industrie. Elle seule avait à sa disposition des moyens assez puissants pour dominer les besoins de la consommation et créer périodiquement un encombrement de marchandises. L'agriculture, à son tour, est arrivée à une situation analogue, du moins en ce qui concerne la production des céréales. Dans tous les temps, sans doute, il y a eu des récoltes d'une abondance exceptionnelle, et par suite, des produits vendus à vil prix. Mais c'étaient-là des faits accidentels. En règle générale la production dans son ensemble restait au-dessous des besoins. Il n'en est plus de même aujourd'hui : la moyenne de la production dépasse sensiblement la moyenne des besoins, et dès lors l'agriculture est forcée ou de modérer sa production, ou d'en améliorer les conditions économiques, et de chercher en même temps au dehors de nouveaux débouchés.

Il y a déjà longtemps que des agronomes et des économistes ont parlé de modérer la production des céréales et d'y substituer en partie celle de la viande ou des plantes industrielles. Mais les plantes industrielles sont d'un usage limité ou d'une nature épuisante et il n'est pas possible au cultivateur de produire de la viande à volonté. Souvent les capitaux lui manquent pour acheter le bétail ou construire les bâtiments nécessaires, et plus souvent encore la nature de son terrain ou le manque d'engrais ne lui permettent pas de donner à la culture des plantes fourragères toute l'étendue qu'il faudrait. On a tort sur ce point d'opposer à nos cultivateurs l'exemple des fermiers anglais. Sans parler de la situation économique, qui diffère essentiellement dans les deux pays, il faut ici tenir compte du climat et de la nature du sol. Or, nous ne possédons pas en aussi grande étendue que les Anglais des terres froides et compactes, rebelles à la culture des céréales, favorables, au contraire, aux prairies naturelles ; notre climat est moins humide, les gelées s'y font sentir plus tôt et nos troupeaux ne pourraient impunément vivre en plein air jusqu'à l'extrême arrière-saison et consommer sur place soit les regains tardifs, soit les turneps et les betteraves. A ce point de vue, nos cultivateurs sont placés dans des conditions moins favorables. Depuis dix ans, au surplus, ils ont donné assez de preuves de leur intelligence et de leur amour du progrès : on peut se reposer sur eux du soin de faire tout ce que permet leur situation.

Dans la seconde partie de ce travail, nous rechercherons avec soin ce qui peut être fait pour améliorer les conditions économiques de notre agriculture.

Quant à la création de nouveaux débouchés, on ne peut l'attendre que du développement naturel du commerce, et, il faut bien le dire, la loi du 15 juin 1861 et les nombreux traités de douanes conclus depuis six ans ont rendu sa tâche singulièrement facile. Sous l'empire de l'ancienne législation, les droits d'entrée changeaient sans cesse ; quand le commerce achetait des grains au dehors, il ne pouvait en calculer le prix de revient, et cette circonstance rendait nécessairement les importations difficiles et irrégulières. Pour l'exportation, c'était pis encore, car la loi du 17 décembre 1814 (art. 34) accordait au gouvernement le droit d'interdire la sortie des grains quand il le croyait utile, et dès lors le commerce ne pouvait contracter avec l'étranger des engagements à terme. Il n'en est plus de même aujourd'hui ; les droits d'entrée sont invariables, l'exportation est libre, elle ne peut plus être interdite. Les derniers traités se sont efforcés, d'ailleurs, de faciliter et de multiplier nos relations commerciales, et, il faut bien le reconnaître, leur effet immédiat a été de développer nos exportations au-delà de toute espérance.

Nous avons donné plus haut le résumé complet de notre commerce de céréales avec l'Angleterre, depuis 1861. Voici maintenant d'autres renseignements concernant le développement de nos exportations de produits agricoles à la même destination, pendant ces dernières années[1] :

[1] Les chiffres du tableau suivant sont empruntés aux *Exposés annuels de la situation de l'Empire*.

(SUIT LE TABLEAU.)

DÉSIGNATION.	QUANTITÉS.			VALEURS.		
	1863.	1864.	1865.	1863.	1864.	1865.
	kil.	kil.	kil.	fr.	fr.	fr.
Bétail...	?	?	105.592 têtes	5,205.00⁰	8,575.000	13,575,000
Beurre...	7,701,000	10,750.000	11,833.000	20,438.000	28,543.000	32,579.000
Eaux-de-vie...	104,000 hect	148.000 hect	89.710 hect	38,659.000	54.974.000	28,283,000
Fruits de table...	26.436.000	19,624,000	12.294.000	17.348.000	12.909.000	7,324,000
Garance...	3,747.000	4,219.000	?	3,363,000	3,960.000	?
Graines à ensemencer...	6,177,000	9,877,000	11,088,000	7,412,000	11,852.000	16,631,000
Légumes secs...	68,150.000	49,244,000	?	9,458.000	8,714.000	?
Œufs...	18,363,000	22.094.000	25,569,000	22.954.000	27.618.000	31.961,000
Peaux préparées et ouvrées...	2.454.000	2.797,000	1,649,000	55,954,000	63.606.000	17,517.000
Poils...	1,584,000	1.739,000	1.331,000	10.640,000	15.747.000	13,601.000
Résines indigènes...	24,874,000	23,739,000	21,441.000	19.778.000	20.571,000	17,203,000
Soies et Bourres...	907,000	734,000	593.000	26,575.000	20.414.000	20.491.C00
Sucre brut indigène...	9.099,000	5,412,000	?	5.914,000	3.518.000	?
— raffiné...	8,713.000	13,398,000	9.361.000	6.622.000	10,018.000	7,863,000
Tourteaux de graines...	?	?	25.166.000	?	?	5,369,000
Vins...	134,000 hect	156.000 hect	131.810 hect	33.073.000	37.638,000	29,272.000
TOTAUX...				279,178.000	328,657.000	?

Dans le tableau qui précède, nous nous sommes borné à
indiquer les exportations à destination de l'Angleterre, et nous

y avons fait figurer seulement les articles principaux. Mais l'ensemble de nos exportations de produits agricoles est bien autrement considérable. Dans une circonstance récente [1], le ministre de l'agriculture, M. Béhic, a pu constater qu'en 1850 (déduction faite des laines et des soies), elle ne s'élevait en valeur qu'à 206 millions de francs ; qu'en 1865, au contraire, elle a dépassé 710 millions. Ce mouvement, cependant, en est à son début ; il se développera chaque année davantage, et nos départements du Midi trouveront, dans l'envoi au dehors de leurs vins et de leurs spiritueux, une source inépuisable de richesse. Pour le Nord, en même temps, ce sera un moyen d'écouler le trop plein de ses céréales, et si, malgré cela, le prix des grains continue à n'être pas rémunérateur, notre agriculture trouvera de sérieuses compensations dans l'exportation croissante du bétail, dans celle de ses produits secondaires que l'Angleterre recherche avidement, et dans l'élévation des prix qui sera la conséquence nécessaire de ce développement des relations commerciales. Ce sont là des résultats qu'il eût été impossible d'obtenir sous l'empire de l'ancienne législation. A moins de nier l'évidence, il en faut bien attribuer le mérite à notre nouvelle politique commerciale, et, sous ce rapport du moins, on ne saurait méconnaître que la loi du 15 juin 1861 a été un bienfait pour l'agriculture.

Cette loi, cependant, a été, dans ces derniers temps, l'objet des attaques les plus vives. Peu de voix, à la vérité, se sont élevées pour demander le retour à l'échelle mobile. Mais beaucoup d'hommes d'une incontestable valeur demandent que des modifications profondes soient apportées au système actuel, et leurs critiques portent principalement sur deux points : le peu d'élévation des droits qui frappent les céréales étrangères, et le système des acquits de mouture. Il nous reste à examiner rapidement ces deux questions, sur lesquelles se concentre maintenant tout le débat.

[1] Discours prononcé, le 28 mars 1866, à la distribution des prix du concours de Poissy.

Nous avons démontré plus haut que la production moyenne du froment, en France, dépasse les besoins de la consommation de 3,238,607 hectolitres au moins par année. Ceci, croyons-nous, est incontestablement vrai pour l'ensemble de l'Empire. Mais si, au lieu de se borner à cette vue d'ensemble, on étudie pour chaque région en particulier la production et la consommation locales, si ensuite on compare entre elles les diverses régions, on est bientôt frappé des différences énormes que fait ressortir ce travail. Le *Moniteur* du 5 mars 1866 a donné, pour les cinq dernières années, la production et la consommation de chacune de nos régions agricoles ; nous avons relevé ces chiffres, nous en avons déduit les moyennes, et nous donnons ci-dessous les résultats de ce travail en les présentant de manière qu'ils puissent être facilement saisis :

DÉSIGNATIONS	PRODUCTION MOYENNE de 1861 à 1865.	CONSOMMATION MOYENNE.	EXCÉDANT MOYEN.	DÉFICIT MOYEN.
	hect.	hect.	hect.	hect.
Nord-Ouest [1] ...	10,057,741	8,004,491	2,053,250	»
Nord..........	23,887,307	22,574,951	1,312,356	»
Nord-Est......	12,464,992	10,109,111	2,355,881	»
Ouest.........	13,396,928	9,414,165	3,982,763	»
Centre........	9,034,824	7,088,405	1,946,419	»
Est...........	11,076,399	10,153,400	922,999	»
Sud-Ouest.....	8,758,840	8,911,734	»	152,894
Sud..........	5,278,966	5,157,241	121,725	»
Sud-Est.......	5,436,751	8,420,961	»	2,984,210
Corse........	376,554	441,031	»	84,477
TOTAUX.....	99,769,302	90,275,490	12,695,393	3,221,581

[1] Voici la répartition des départements entre les dix régions agricoles de l'Empire :

1re RÉGION *(Nord-Ouest).* — Finistère, Côtes-du-Nord, Morbihan, Ille-et-Vilaine, Manche, Calvados, Orne, Mayenne et Sarthe.

2e RÉGION *(Nord).* — Nord, Pas-de-Calais, Somme, Seine-Inférieure, Oise, Aisne, Eure, Eure-et-Loir, Seine-et-Oise, Seine, Seine-et-Marne.

— 43 —

Laissant à part la Corse, qui n'a pas d'importance, nous voyons au premier coup-d'œil, par l'inspection de ce tableau, que tous nos départements du Nord et du Centre, non seulement se suffisent à eux-mêmes, mais produisent en outre des excédants fort considérables. Les départements méridionaux, au contraire, éprouvent une véritable disette de céréales, et la région Sud-Est, en particulier, accuse annuellement l'énorme déficit de 2,984,210 hectolitres. Ce déficit est comblé en très-grande partie par les importations de Marseille, qui, pendant les quatre années 1861, 1862, 1863 et 1864, se sont élevées à 9,472,732 hectolitres, soit en moyenne, par année, 2,343,183 hectolitres. Le reste est fourni par les petits ports de la Méditerranée, par l'Espagne ou par l'Italie. Tel est le fait dominant qu'il ne faut pas perdre de vue lorsqu'on discute sur la fixation des droits d'entrée.

3ᵉ RÉGION *(Nord-Est).* — Ardennes, Marne, Aube, Haute-Marne, Meuse, Moselle, Meurthe, Vosges, Bas-Rhin et Haut-Rhin.

4ᵉ RÉGION *(Ouest).* — Loire-Inférieure, Maine-et-Loire, Indre-et-Loire, Vendée, Charente-Inférieure, Deux-Sèvres, Charente, Vienne et Haute-Vienne.

5ᵉ RÉGION *(Centre).* — Loir-et-Cher, Loiret, Yonne, Indre, Cher, Nièvre, Creuse, Allier et Puy-de-Dôme.

6ᵉ RÉGION *(Est).* — Côte-d'Or, Haute-Saône, Doubs, Jura, Saône-et-Loire, Loire, Rhône, Ain, Haute-Savoie, Savoie et Isère.

7ᵉ RÉGION *(Sud-Ouest).* — Gironde, Dordogne, Lot-et-Garonne, Landes, Gers, Basses-Pyrénées, Hautes-Pyrénées, Haute-Garonne et Ariége.

8ᵉ RÉGION *(Sud).* — Corrèze, Cantal, Lot, Aveyron, Lozère, Tarn-et-Garonne, Tarn, Hérault, Aude, Pyrénées-Orientales.

9ᵉ RÉGION *(Sud-Est).* — Haute-Loire, Ardèche, Drôme, Gard, Vaucluse, Basses-Alpes, Hautes-Alpes, Bouches-du-Rhône, Var, Alpes-Maritimes.

10ᵉ RÉGION. — Corse.

Nous avons expliqué plus haut que la consommation moyenne de la France nous paraît s'élever à 94 ou 95 millions d'hectolitres. Les chiffres que donne le *Moniteur* sont donc insuffisants à notre avis. Nous les employons néanmoins ici sans modifications, parce que la différence importe peu, au point de vue auquel nous devons nous placer en ce moment.

Dans cette situation, il est bien évident que l'établissement d'un droit d'importation, inefficace pour les quatre cinquièmes au moins du territoire national, profite au contraire sûrement aux cultivateurs de la région Sud-Est. Les prix, dans cette partie de la France, doivent s'élever en raison directe de l'élévation du droit. Que si le droit était assez fort pour repousser les blés étrangers, la hausse qui en résulterait appellerait tout naturellement les blés des autres départements français. La région Sud-Est serait alimentée dans ce cas par les régions du Centre et de l'Est, qui fournissent un excédant annuel de 2,869,418 hectolitres, et dont la dernière trouve d'ailleurs de grandes facilités de transport dans la navigation du Doubs, de la Saône et du Rhône. Quant aux autres régions, et notamment aux trois régions du Nord, elles sont évidemment désintéressées dans la question ; l'éloignement ne leur permettrait dans aucun cas de concourir à l'alimentation du Sud-Est. C'est en Suisse, et surtout en Angleterre, qu'elles sont condamnées à chercher l'écoulement de leur trop plein.

Ainsi donc l'élévation du droit d'entrée sur les céréales est une question qui avant tout regarde directement les cultivateurs de la région Sud-Est, indirectement et à un moindre degré, les cultivateurs du Centre et de l'Est.

Le reste du pays n'y saurait attacher qu'une importance secondaire, et ses intérêts dans certaines limites peuvent même s'y trouver opposés.

Il est à peine utile de rappeler tout l'intérêt que doit inspirer en ce moment notre agriculture du Sud-Est. Elle produit peu de froment et à des prix de revient relativement élevés ; moins que celle des autres régions, elle profite du développement de nos exportations en Angleterre; les huiles, qui sont pour elle une branche importante de commerce, se vendent mal depuis plusieurs années ; et la production de la soie, la source principale de sa richesse, est à peu près ruinée par un fléau naturel qui a résisté jusqu'ici à tous les efforts de la science. Il y a donc équité et convenance tout à-la-fois à venir en aide, si on le peut, à cette partie de la France, à la condition toutefois de ne pas compromettre les intérêts plus importants et non moins respectables du reste du pays. Mais de quelle manière le peut-on faire ? Et jusqu'où est-il permis, dans l'intérêt du Sud-Est, d'élever les droits d'entrée sur les céréales ?

Personne ne propose de revenir au système de l'échelle mobile. L'expérience en a trop fait voir les inconvénients. Par le même motif, on ne peut songer à frapper les blés étrangers d'un droit prohibitif, comme serait, par exemple, le droit de 4 ou 5 fr. par quintal métrique. Un semblable droit ne saurait être fixe et nulle administration ne pourrait songer à le maintenir en cas de hausse sérieuse, car s'il faut protéger les intérêts de l'agriculture, on ne peut méconnaître en sa faveur les lois de l'humanité et les nécessités de l'ordre public. Un droit de 4 ou 5 fr. par quintal métrique ne serait donc qu'une échelle mobile déguisée : inutile et inefficace en temps d'abondance, il devrait disparaître en temps de cherté, et ne serait dès lors pour l'agriculture qu'une protection illusoire. Un droit modéré peut seul rendre des services, parce que seul il peut être maintenu en tout temps.

En 1861, dans le projet émané de son initiative, le Gouvernement proposait 1 fr. par quintal. C'est le Corps législatif qui a abaissé le droit à 0ᶠ 50ᶜ. On pourrait aujourd'hui revenir au chiffre du Gouvernement, ou même aller au-delà. Mais tout ceci serait nécessairement un peu arbitraire, et peut-être vaudrait-il mieux, pour donner à la législation une base rationnelle, admettre un principe que posait récemment M. Léonce de Lavergne, dans la grande discussion qui s'est engagée au sein de la Société centrale d'Agriculture.

M. Léonce de Lavergne voudrait voir imposer sur les blés étrangers un droit d'entrée exactement égal aux charges que notre agriculture supporte au profit du trésor public. Aller au-delà, suivant lui, c'est *protéger*, c'est créer une situation artificielle, et il n'en veut pas ; rester en deçà, c'est au contraire se montrer injuste envers l'agriculture, c'est favoriser à ses dépens l'introduction des blés étrangers, et M. de Lavergne le veut encore moins. Ce qui, suivant lui, est juste et en même temps profitable au trésor public, c'est de demander aux blés étrangers, sous forme de droit d'importation, un impôt exactement égal à ceux que paient les blés indigènes sous des formes diverses. Ces impôts, il en calcule la somme totale, qu'il répartit sur la masse des blés produits par notre agriculture, et il arrive ainsi à proposer un droit fixe de fr. 1 par hectolitre, soit environ fr. 1 35 par quintal métrique.

Nous ne sommes pas d'accord en tous points avec M. Léonce de Lavergne, et nous ne pouvons admettre que le droit perçu sur les céréales du dehors doive nécessairement avoir un caractère fiscal, sans pouvoir jamais devenir un droit *protecteur*. A cet égard, l'étude attentive des faits peut seule servir de guide au législateur. Cependant, comme base d'impôt, le principe proposé nous paraît acceptable, et le droit de fr. 1 35 qui en résulterait, si les calculs de M. de Lavergne sont exacts, ne nous semble pas exagéré.

Ce chiffre, d'ailleurs, concorde assez bien avec celui qui serait indiqué par une autre manière d'envisager la question. On peut observer en effet que le fret d'Odessa à Londres est ordinairement de fr. 3 60 par quintal; sauf les variations, qui sont parfois assez considérables. D'Odessa à Marseille, le fret est habituellement de fr. 2 50, ce qui établit, au profit de ce dernier port, une différence normale de fr. 1 10. Ceci nous paraît indiquer la limite que le droit ne peut guère dépasser. S'il allait beaucoup au-delà, les blés russes qui viennent à Marseille seraient en très-grande partie repoussés vers Londres et les autres marchés anglais. Ils augmenteraient la concurrence qu'y rencontrent les blés et les farines du nord de la France, et limiteraient ainsi les facilités d'exportation que notre agriculture a besoin de rencontrer. La force des choses et l'intérêt même de nos cultivateurs s'opposent donc à toute exagération du droit, et le chiffre proposé par M. Léonce de Lavergne nous paraît être celui qui, en somme, concilie le mieux tous les intérêts.

C'est au même ordre d'idées que se rattache la question

des *acquits de mouture*. Avant la loi du 15 juin 1861, les grains étrangers étaient déjà admis au bénéfice de l'entrepôt fictif, et leur situation à cet égard avait été réglée par les décrets du 14 janvier et du 1er juin 1850. Aux termes de ces décrets, la meunerie était autorisée à importer temporairement des grains étrangers et à les transformer en farines. Lorsque ces farines étaient livrées à la consommation, le droit d'importation était dû au trésor public. Si au contraire on les réexportait, le compte du meunier était déchargé sur le pied de 78 kilos de farine blutée à 30 0/0 pour 100 kilos de grains importés. *Mais l'exportation devait avoir lieu nécessairement par l'un des bureaux de douane de la section par laquelle les grains étaient entrés.* Cette faculté, restreinte ainsi dans des limites fort étroites, ne paraît pas avoir été sérieusement utilisée par la meunerie. Du moins, sous l'empire de cette législation, les blés étrangers n'entraient pas ordinairement pour une très-forte part dans l'alimentation de notre région Sud-Est, et le déficit qu'y laissait la production locale était comblé en grande partie par les régions de l'Est, du Centre et du Sud. Dans certains départements, le Tarn par exemple, un grand nombre de minoteries s'étaient établies dans ce but et leur industrie consistait à fournir au Sud-Est les farines dont il avait besoin [1].

Cette situation est aujourd'hui profondément modifiée. La loi de 1861 a maintenu et étendu la faculté d'entrepôt fictif, et le décret du 25 août de la même année, expliqué par une circulaire du directeur général des douanes en date du 2 septembre suivant, a supprimé l'obligation de réexporter les farines par l'un des bureaux de la section d'importation. La réexportation peut avoir lieu aujourd'hui indifféremment par toutes les frontières de l'Empire, quel qu'ait été d'ailleurs le bureau d'entrée.

Sous l'influence de cette nouvelle réglementation, des minoteries importantes se sont établies dans la région Sud-Est, et notamment dans les Bouches-du-Rhône. Elles travaillent les blés

[1] Lettre de M. A. Alby, publiée par le *Journal d'Agriculture pratique* du 5 mars 1866, p. 222.

étrangers et en livrent les farines à la consommation locale ; mais au lieu d'acquitter le droit d'importation, elles paient une faible prime aux minoteries du Nord et de l'Ouest, et celles-ci déchargent leur compte d'entrepôt en exportant par nos ports de l'Océan Atlantique des quantités équivalentes de farines.

Les tableaux ci-dessous peuvent donner une idée de l'importance de ce mouvement pendant les années 1861 à 1864. Nous en avons relevé tous les chiffres dans les documents publiés par l'administration des douanes ; mais, au lieu de nous attacher comme nous l'avions fait précédemment aux colonnes du commerce spécial, nous avons relevé au contraire les résultats du commerce général. C'était la seule marche à suivre, puisqu'il s'agit ici d'un commerce d'entrepôt.

Voici d'abord le mouvement du port de Marseille [1] :

FARINES DE FROMENT (COMMERCE GÉNÉRAL).

MARSEILLE.

	Importations.	Exportations.
1861		136,818 q. m.
1862		123,490
1863		144,284
1864	2,456,842 q. m.	223,785
	2,456,842	628,377 q. m.
	628,377	

Excédant des importations. 1,828,465 quint. m., représentant en grains 2,612,092 q. m., ou 3,482,789 hectolitres.

Nous donnons ici comparativement le résumé du mouvement

[1] Les chiffres de ce tableau et ceux du suivant, pour les années 1863 et 1864, doivent être considérés comme approximatifs, et non comme absolument exacts. Pour ces deux années, en effet, l'administration des douanes a confondu sous un même article les grains et les farines de froment, et par conséquent il n'est pas possible de déterminer avec précision le mouvement des farines.

des ports de l'Océan et de la mer du Nord pendant la même
période :

FARINES DE FROMENT (COMMERCE GÉNÉRAL).

PORTS DE L'OCÉAN ATLANTIQUE.

(1861-1864.)

	Importations.	Exportations.
Le Hâvre [1]	383,721 q. m.	
Boulogne	20,191	
Bordeaux		265.234 q. m.
Dunkerque		502,422
Nantes		1,034,221
Rouen		200,336
Calais	9,397	
	413,309 q. m.	2,002,213 q. m.
		413,309

Excédant général des exportations.... 1,589,904 q. m.

Représentant en grains 2,271,291 quintaux métriques, ou
3,028,388 hectolitres.

Ce trafic, comme on le voit, a une importance réelle. Il est
éminemment favorable aux consommateurs du Midi ; il fait pros-
pérer de grands établissements de meunerie dans les Bouches-du-
Rhône et dans les départements du Nord ; il facilite enfin à ces
derniers l'exportation de leur trop plein ordinaire, et il rend
ainsi les plus grands services à leur agriculture. On ne peut se
dissimuler, d'autre part, qu'il porte préjudice aux cultivateurs du
Midi en modérant les cours sur leurs marchés ; qu'il fait entrer

---

[1] Ce chiffre et les suivants représentent les excédants d'importation ou
d'exportation pour la période entière. Chacun d'eux a été obtenu par un
calcul semblable à celui que nous donnons plus haut pour le port de
Marseille.

dans la consommation, libres de tous droits, les issues de mouture (30 p. 0/0 environ du poids des grains) ; qu'il amoindrit les recettes du trésor, et enfin qu'il a ruiné les minoteries dont le travail alimentait autrefois la région du Sud-Est, notamment les minoteries du Tarn [1].

Ces dernières considérations sont-elles suffisantes pour motiver le retour au système restrictif des décrets de 1850 ? Faut-il, au profit des cultivateurs du Midi et au détriment de l'agriculture du Nord, rétablir un état de choses purement artificiel, qui n'a pu résister à quelques années de liberté commerciale ? C'est au gouvernement, c'est au Corps législatif qu'il appartient de décider la question. Chargés de tenir la balance égale entre les intérêts rivaux, c'est à eux de voir en cette circonstance ce que commandent l'équité et l'avantage du plus grand nombre.

Il se peut que, cédant à des réclamations multipliées, ils reviennent encore une fois à d'anciens errements. Mais nous, cultivateurs et propriétaires du Nord, nous voyons en attendant nos intérêts sauvegardés par le système libéral de 1861 ; il atténue pour nous dans une large mesure les embarras d'une situation difficile, et ce n'est pas à nous, on en conviendra, de faire des vœux pour sa destruction.

[1] Lettre de M. A. Alby, citée plus haut.

II

LES LAINES.

II

LES LAINES.

Le commerce des laines à souvent préoccupé le pouvoir sous l'ancienne monarchie, et l'on rencontre dans le recueil des Ordonnances un grand nombre de documents qui les concernent. Presque tous cependant ont un caractère commun : ils sont inspirés par la crainte de trouver la production nationale au-dessous des besoins, et ils interdisent l'exportation afin de réserver au peuple la totalité des laines françaises.

Parmi ces nombreuses ordonnances, il en est deux toutefois qui appellent l'attention et méritent encore d'être signalées. La première émane de Philippe de Valois et porte la date du 6 août 1349 : c'est l'ordonnance règlementaire des foires de Champagne et de Brie. Pour favoriser le développement de ces foires, elle interdit sévèrement l'exportation directe, mais elle permet d'exporter les laines comme les autres marchandises, lorsqu'elles ont été présentées en foire et achetées par des marchands étrangers (articles 4 et 5).

L'autre porte la date du mois de juin 1627. Elle interdit tout à-la-fois l'exportation à l'étranger des laines françaises et l'importation ou la vente en France des serges et draps étrangers. Son but évidemment est de favoriser le développement de l'industrie en facilitant aux fabricants français l'achat des matières premières et la vente des produits fabriqués. C'est à notre connaissance le premier document de ce genre qui porte nettement le cachet du système protecteur.

Les tarifs de Colbert, bien entendu, ont été inspirés par le même esprit de protection à l'industrie. Mais les principes étaient différents lorsqu'il s'agissait des produits agricoles. Pour les laines, en particulier, la protection douanière n'existait à aucun degré. Le dernier document législatif de l'ancienne monarchie sur la matière, l'arrêt du conseil du 20 mars 1758[1], permet le commerce et la circulation des laines, tant nationales qu'étrangères, dans tout le royaume, en exemption de tous droits d'entrée ou de sortie ; et le premier tarif de douanes postérieur à la Révolution, le tarif des 2-15 mars 1791, adopte le même système, car il autorise l'entrée et la sortie des laines en franchise, tandis qu'il frappe de droits d'entrée fort élevés les draps, le casimir, la flanelle, le molleton et les autres marchandises du même genre.

Avec l'année 1792 commencèrent les luttes immortelles de la Révolution. Le 20 avril, l'Assemblée nationale déclarait la guerre à l'Autriche, et le 24, pour faire face aux nécessités de la situation, elle prohibait provisoirement l'exportation des *laines*, du chanvre, des peaux, des cuirs et des autres matières premières propres à l'équipement des troupes. Pour les laines, cette interdiction *provisoire* dura vingt-deux ans ; elle fut même étendue, par le décret du 30 avril 1806, aux béliers et aux brebis mérinos et métis. Enfin, la loi du 25 novembre 1814 remplaça la prohibition de sortie par un droit d'exportation modéré[2], mais l'importation resta libre comme elle l'avait été de tout temps, et la législation sur ce point n'éprouva aucun changement avant 1820.

C'est de cette dernière époque que date l'application aux laines du système protecteur qui venait d'être inauguré pour les céréales. Elles avaient jusque-là, malgré toutes les vicissitudes politiques, obtenu en tous temps sur les marchés des prix forts rémunérateurs ; puis, en 1819, était survenue une baisse subite et considérable que l'on attribuait au développement des importations de laines

---

[1] Isambert, *Anciennes lois françaises*, t. XXII.

[2] Ce droit était de 30 fr. par quintal. L'exportation des béliers mérinos et métis fut également permise moyennant un droit de 5 fr. par tête.

étrangères [1]. On résolut de venir en aide à l'agriculture, qui n'était pas remise encore des désastres de l'invasion, et la loi du 7 juin 1820 frappa les laines fines en suint d'un droit d'entrée de 20 francs par 100 kilos [2], décime non compris. L'ordonnance du 14 mai 1823 éleva ce droit à fr. 60, et en même temps, pour sauvegarder les intérêts de l'industrie, des primes équivalentes furent accordées à l'exportation des étoffes de laine [3].

C'était, comme on le voit, un changement complet de système. L'importation des laines étrangères, qui, jusqu'en 1820, avait été

[1] Les importations avaient été :

En 1814, de.....	1,832,472 kilos.
En 1815, de.....	2,411,269 —
En 1816, de.....	5,785,675 —
En 1817, de.....	5,612,891 —
En 1818, de.....	9,854,331 —

En 1819, la baisse générale des prix les fit tomber à 3,428,420 kilos.

[2] Nous prenons ici, et nous continuerons par la suite de prendre pour terme de comparaison le droit applicable *aux laines fines en suint;* mais la loi de 1820 établissait une série de droits comme suit :

À l'entrée. — LAINES...	fines.........	lavées...	60 fr. les 100 k°.	
		en suint.	20 »	—
	communes...	lavées...	15 »	—
		en suint.	5 »	—
BÉLIERS mérinos et métis..............			1 »	
BREBIS — —			0 75	par tête.
AGNEAUX — —			0 50	

Les droits de sortie étaient insignifiants.

[3] L'ordonnance du 14 mai 1823 est ainsi conçue :

« LOUIS, etc...... Nous étant fait rendre compte des circonstances qui ont amené la baisse considérable qu'a successivement éprouvé le prix des laines récoltées en France, et voulant en atténuer les fâcheux effets pour l'agriculture, sans nuire aux fabriques ;

» Sur le rapport de notre ministre secrétaire d'État au département des finances ;

» Notre Conseil entendu,

» Nous avons ordonné et ordonnons ce qui suit :

» ARTICLE 1er. — A dater du huitième jour après la publication de la

entièrement libre, se trouvait maintenant entravée par l'application d'un tarif énergique. Cependant ces mesures ne parurent pas encore suffisantes, et la loi du 17 mai 1826, changeant la base de la perception, remplaça le droit de fr. 60 au poids par l'énorme droit de 30 0/0 de la valeur des laines importées, soit 33 0/0 avec le décime. Ce fut l'apogée du système protecteur, et il dura jusqu'en 1834.

Depuis lors, tous les tarifs ont été en s'adoucissant. L'ordonnance du 8 juillet 1834 a réduit le droit à 20 0/0 de la valeur, soit 22 0/0 avec le décime. Le décret du 10 mai 1854 a abandonné la perception *ad valorem* et n'a plus exigé qu'un droit fixe de fr. 25 par 100 kilos. Le décret du 19 janvier 1856 a réduit le droit à fr. 10 [1], et enfin la loi du 5 mai 1860 a définitivement admis les

présente ordonnance, les laines étrangères paieront, à l'entrée de notre royaume, les droits ci-après :

Communes..	brutes, valant 1 fr. 20 ou moins…fr.	30	
	lavées à froid, valant 2ʼ40 ou moins.	75	
	lavées à chaud, — 3ʼ40 — .	80	
Fines…….	brutes, valant de 1ʼ21 à 2ʼ50…… .	60	par 100
	lavées à froid, valant de 2ʼ41 à 5ʼ…	150	kilogrammes
	lavées à chaud, — de 3ʼ61 à 7ʼ50.	180	brut.
Surfines .. .	brutes, valant 2ʼ51 ou plus………	80	
	lavées à froid, valant 5ʼ01 ou plus…	200	
	lavées à chaud, — 5ʼ51 ou plus…	240	

» Art. 2. — Ceux qui justifieront du paiement desdits droits recevront, pour les tissus de laine exportés, et jusqu'à concurrence des sommes portées dans les quittances produites, savoir, etc… »

[1] Nous parlons ici, comme toujours, du droit sur les *laines fines en suint introduites par navires français*. Mais le tarif du 19 janvier 1856, comme tous les tarifs applicables aux laines, était assez compliqué, et nous le copions ici pour faire connaître le dernier état de la législation.

PAR MER :

EN SUINT OU PELADES A LA CHAUX.

Communes.. Par navires français..	Des pays hors d'Europe….	5 fr.	
	D'ailleurs…………….	10	»
Par navires étrangers……………………….		15	»

laines en franchise, sauf une taxe insignifiante de fr. 3 par 100 k. sur celles qui sont importées par navires étrangers.

Dans ce rapide exposé de la législation antérieure, nous avons omis, bien entendu, un grand nombre d'ordonnances d'un intérêt secondaire pour nous borner aux documents essentiels, et, dans ceux mêmes que nous citons, nous nous attachons uniquement aux dispositions principales. Nous laissons de côté, par exemple, la classification compliquée des laines, la distinction des provenances, les surtaxes de pavillon, les garanties réservées au trésor public ou accordées à l'industrie et au commerce, etc. Il ne s'agit pas ici, en effet, de discuter les détails de la législation des douanes, mais simplement de constater les principales modifications apportées successivement aux tarifs des laines, et de savoir si à ces variations des droits d'entrée ont pu correspondre des changements analogues dans l'état du commerce. Deux éléments nous paraissent avoir à ce point de vue un intérêt particulier : les variations successives du prix des laines sur les marchés et le développement progressif de l'importation des laines étrangères.

Il n'est pas facile sur le premier point de se procurer des ren-

Fines . . . . Par navires français . . { Des pays hors d'Europe. . . . 10 »

             { D'ailleurs . . . . 15 »

    Par navires étrangers . . . . 20 »

LAVÉES.

Communes . . Par navires français . . { Des pays hors d'Europe. . . . 10 »

             { D'ailleurs . . . . 20 »

    Par navires étrangers . . . . 25 »

Fines . . . . Par navires français . . { Des pays hors d'Europe. . . . 22 50

             { D'ailleurs 32 50

    Par navires étrangers 37 50

PAR TERRE.

Du crû des pays limitrophes . . . . { Droits applicables aux importations par navires français.

D'ailleurs . . . . { Droits applicables aux importations par navires étrangers.

seignements dignes de confiance. Les journaux spéciaux qui s'occupent des faits commerciaux ne se conservent guère en collection. Pour les laines, d'ailleurs, les prix varient à l'infini, suivant les pays de provenance et pour chaque provenance, suivant le plus ou moins de finesse, le bon ou mauvais conditionnement, les procédés employés par le lavage, etc. De telle sorte que, dans les recherches de ce genre, il est à peu près impossible de trouver un étalon commun et d'établir des comparaisons certaines. Il faudrait, pour le faire, posséder un ensemble de documents recueillis avec méthode, suivant des données uniformes, et nous ne pensons pas qu'un travail de cette nature ait jamais été publié.

Ce que nous avons à notre disposition, ce sont les renseignements recueillis chaque année depuis 1789, et surtout depuis 1805, par la Chambre de Commerce de Reims, sur les prix moyens des principales variétés de laines françaises. Ces renseignements s'appliquent à 48 variétés groupées suivant leurs provenances. Et bien qu'on n'y trouve pas les cours des laines en suint, mais seulement ceux des laines plus ou moins complètement lavées, on en peut certainement tirer des données fort précieuses sur la situation comparative de nos marchés depuis le commencement du siècle, par conséquent sur les effets généraux obtenus par les changements de tarifs. Nous avons donc divisé cette longue série de prix moyens annuels en périodes correspondant aux changements successifs introduits dans la législation douanière des laines. Pour chaque période et pour chaque variété nous avons formé des moyennes partielles, puis des moyennes générales périodiques applicables à toute la France et à l'ensemble des laines françaises. Nous avons obtenu ainsi des chiffres qui nous paraissent rigoureusement comparables entre eux, et nous croyons avoir atteint autant que possible le but que nous nous proposions. Voici le résultat de ce travail, dont les chiffres représentent les prix moyens de la *livre* ou *demi-kilogramme* :

		1805 à 1819¹ ENTRÉE libre.	1820 à 1822² DROIT de fr. 30 par % kil.	1823 à 1825 DROIT de fr. 60 par % kil.	1826 à 1834 DROIT de 30 % ad valorem.	1835 à 1853 DROIT de 20 % ad valorem.	1854 et 1855 DROIT de fr. 22 par % kil.	1856 à 1859 DROIT de fr. 10 par % kil.	1860 à 1864 ENTRÉE libre.
BERRY.	Berry superfin	4,78	3,11	3,38	3,27	2,95	2,85	3,38	3,14
	Berry courant	4,10	2,83	3,16	2,98	2,60	2,50	2,92	2,51
	2e Berry courant	3,52	2,51	2,78	2,70	2,38	2,05	2,57	2,38
	Sologne	2,92	2,28	2,43	2,32	2,01	2,00	2,25	1,99
	Ecouailles 1res³	4,40	3,13	3,76	3,40	3,05	2,85	3,48	3,47
	— 2es	3,66	2,63	3,25	3,08	2,68	2,40	3,02	3,03
	Plis³	2,80	1,85	2,15	2,11	2,04	2,05	2,40	2,15
	MOYENNES	3,74	2,62	2,98	2,83	2,53	2,38	2,86	2,66
CHAMPAGNE.	Mérinos	4,52	2,93	3,25	3,15	2,95	2,77	3,23	3,13
	Métis	3,79	2,55	2,73	2,75	2,67	2,52	2,95	2,79
	Laines moyennes	3,15	2,25	2,48	2,41	2,34	2,17	2,57	2,47
	Laines communes	2,77	1,82	2,05	1,92	1,94	1,90	2,15	2,11
	Ecouailles	3,16	2,42	2,61	2,82	3,19	3,10	3,51	3,28
	Plis	2,34	1,51	1,76	1,87	2,12	2,47	2,82	2,60
	MOYENNES	3,28	2,24	2,48	2,48	2,53	2,48	2,87	2,78
BOURGOGNE.	Merinos, 1re qualité . . . a	5,58	4,00	4,03	3,71	3,09	2,72	3,10	2,97
	— 2e —	4,88	3,56	3,50	3,90	2,87	2,52	2,83	2,73
	Métis 1re —	4,42	3,05	3,20	3,04	2,68	2,32	2,63	2,53
	— 2e —	3,61	2,76	2,85	2,78	2,31	1,85	2,33	2,31
	Auxois 1re —	3,33	2,53	2,63	2,53	2,23	1,80	2,33	2,35
	— 2e —	2,75	2,30	2,36	2,31	2,08	1,65	2,16	2,15
	Bas fins	3,32	2,53	2,75	2,58	2,28	1,95	2,52	2,43
	Plis	2,87	1,86	2,21	2,08	1,93	1,67	2,32	2,20
	MOYENNES	3,84	2,82	2,94	2,86	2,43	2,06	2,52	2,45
CAUX.	1re qualité	3,53	2,35	2,68	2,64	2,67	2,30	2,72	2,54
	2e —	2,90	2,11	2,36	2,35	2,26	1,90	2,27	2,10
	Ecouailles	2,76	1,81	2,05	2,48	2,81	2,20	2,61	2,43
	Plis	2,16	1,38	1,53	1,99	1,93	2,25	2,06	1,86
	MOYENNES	2,83	1,91	2,15	2,36	2,41	2,16	2,41	2,23
BLOIS ET ORLÉANAIS.	Métis et autres dénominations	3,25	2,23	2,58	3,08	3,04	3,15	3,46	3,10
	1res Ecouailles	4,52	3,11	3,58	3,43	2,76	2,97	3,81	3,50
	2es —	3,57	2,58	2,96	3,00	2,24	2,75	3,50	3,19
	Plis	2,80	1,86	2,06	2,08	2,03	2,05	2,40	2,20
	MOYENNES	3,53	2,44	2,79	2,89	2,51	2,73	3,29	2,99
BEAUCE.	Très-fin ou 1re prime	14,07	9,10	10,50	9,76	8,04	7,00	6,00	5,17
	2e Prime ou 2e qualité	9,78	6,18	7,13	6,91	5,82	5,25	5,27	4,75
	3e Qualité	6,58	4,25	5,11	4,63	3,98	3,75	4,01	3,54
	4e —	4,60	3,15	3,66	3,55	3,18	3,25	3,61	3,24
	5e —	3,76	2,61	3,11	2,99	2,79	3,00	3,42	3,11
	1res Ecouailles	4,95	3,48	4,16	4,23	4,05	3,02	4,42	3,84
	2es —	3,80	2,75	3,25	3,42	3,51	3,30	3,87	3,39
	Plis	2,71	1,83	2,16	2,14	2,70	2,52	3,07	2,31
	MOYENNES	6,28	4,16	4,88	4,70	4,25	3,99	4,20	3,67
BRIE.	Très-fin ou 1re prime	14,07	9,10	10,50	9,71	7,98	6,75	5,88	5,14
	2e Prime ou 2e qualité	9,78	6,18	7,13	7,13	5,75	5,00	5,13	4,67
	2e Qualité	6,58	4,25	5,11	4,65	3,95	3,35	3,90	3,52
	4e —	4,60	3,15	3,66	3,48	3,17	3,05	3,48	3,27
	5e —	3,76	2,61	3,11	2,92	2,76	2,80	3,32	3,17
	1res Ecouailles	4,95	3,48	4,16	4,23	4,02	3,80	4,30	3,67
	2es —	3,80	2,75	3,25	3,42	3,50	3,30	3,82	2,94
	Plis	2,68	1,83	2,16	2,14	2,56	2,50	2,60	2,21
	MOYENNES	6,27	4,16	4,88	4,71	4,21	3,84	4,05	3,57
Laines de ville, pays d'Eure et la Meldis.	1re Qualité, couvertures	2,35	1,63	1,83	1,93	1,88	2,05	2,46	2,36
	2e — —	1,88	1,45	1,60	1,75	1,66	1,85	2,28	2,18
	3e — —	1,63	1,31	1,46	1,57	1,42	1,65	2,03	1,90
	MOYENNES	1,95	1,46	1,63	1,75	1,65	1,85	2,25	2,14
	Prix moyen général du 1/2 kilog.	4,34	2,97	3,37	3,31	3,01	2,83	3,19	2,91
	— — du kilog.	8,68	5,94	6,74	6,62	6,02	5,66	6,38	5,82

¹ La première ordonnance qui ait imposé un droit d'entrée sur les laines, portant la date du 7 juin 1820. L'année 1826 appartient pour la plus grande partie à la période suivante, et nous l'y faisons figurer tout entière.

² L'année 1823 appartient pour la plus grande partie à la période suivante et nous l'y laissons tout entière, car l'ordonnance qui a établi le droit de fr. 60 porte la date du 14 mai 1823. Nous avons agi de même pour la formation de toutes les autres périodes.

³ On nomme *Plis* des laines provenant de peaux mortes, dont elles ont été séparées au moyen de la chaux ou de tout autre alcali. Les laines dites *Ecouailles* sont des Plis lavés à fond.

Ce qui frappe tout d'abord dans le tableau qui précède, c'est le prix élevé des laines à l'époque où l'importation s'en faisait librement. De 1805 à 1819, le prix moyen du kilogramme est en effet de fr. 8 68, tandis qu'il tombe ensuite à fr. 5 94 pour ne plus se relever au-dessus de fr. 6 74. En étudiant en détail les documents recueillis par la Chambre de Commerce de Reims, il est même facile de fixer l'époque précise de cette baisse. Elle date de l'année 1819, pendant laquelle les prix de toutes les variétés tombèrent brusquement de près de 25 0/0. Comme nous l'avons dit plus haut, on l'attribua alors à la concurrence des laines étrangères dont l'importation s'était rapidement développée depuis le rétablissement de la paix, et l'examen des faits démontre à l'évidence la justesse de cette opinion.

Que si l'on cherche maintenant à se rendre compte de l'effet des tarifs de douane, on remarque à la vérité que l'énorme droit de 30 0/0 *ad valorem*, établi en 1826, n'a pas empêché les prix de fléchir légèrement. La moyenne de 1823 à 1825 avait été de fr. 6 74, et elle est descendue à fr. 6 62 de 1826 à 1834.

D'un autre côté le droit de fr. 25 par 100 kilos a été réduit à fr. 10 par le décret du 19 janvier 1856, et cependant le prix moyen des laines, qui était de fr. 5 66 en 1854 et 1855, s'est élevé à fr. 6 38 dans la période suivante. Ces deux faits, contradictoires en apparence, s'expliquent, suivant nous, assez facilement. Le malaise de l'industrie pendant les quatre dernières années de la Restauration et la crise de 1830 donnent la clef du premier. Le second s'explique au contraire par la grande activité industrielle, qui suivit en 1856 et dans les années suivantes le rétablissement de la paix. Mais, d'un autre côté, quand en 1823 le droit d'importation fut porté de fr. 20 à fr. 60, le prix moyen des laines s'éleva de fr. 5 94 à fr. 6 74. En 1834 le droit de 30 0/0 fut réduit à 20 0/0, et dans la période qui suivit (de 1835 à 1853), le prix moyen tomba de fr. 6 62 à fr. 6 02, pour descendre ensuite jusqu'à fr. 5 66 en 1854 et 1855, quand le droit de 20 0/0 fut remplacé par le droit fixe de fr. 25 par 100 kilos. Enfin, en

1860, quand le droit de fr. 10 fut supprimé entièrement, les prix,
qui s'étaient élevés accidentellement à fr. 6 38, retombèrent à fr.
5 82. En présence de ces faits, il faut donc avouer que si la sta-
bilité des gouvernements, la régularité des transactions, l'activité
industrielle ont sur le cours des laines, comme sur celui des autres
marchandises, une influence prépondérante, on ne saurait méconnaître non plus l'influence qu'exercent les tarifs de douane et
qu'en général les prix s'élèvent ou s'abaissent en même temps,
sinon dans la même proportion que les tarifs eux-mêmes.

Cette influence des tarifs devient plus manifeste encore, lorsqu'après s'être rendu compte des changements successifs de la
législation, on étudie le tableau de nos importations de laines
étrangères, dont nous donnons ci-dessous les totaux annuels
depuis 1812 :

Années [1].	Importations.
1812	7,308,380 kilos.
1813	5,354,455
1814	1,832,472
1815	2,411,269
1816	5,785,675
1817	5,612,891
1818	9,854,231
1819	3,428,420
1820	4,912,000
1821	6,877,000
1822	9,118,000
1823	5,482,000
1824	4,410,000
1825	4,629,000
1826	6,425,000

[1] Les chiffres suivants, pour les années 1812 à 1858, sont empruntés au
Dictionnaire universel du Commerce. (V. LAINES.)

1827	7,382,000
1828	7,687,000
1829	5,749,000
1830	7,214,000
1831	3,836,000
1832	4,622,000
1833	9,306,000
1834	9,221,000
1835	14,845,000
1836	14,166,000
1837	10,000,000
1838	14,926.000
1839	13,612,000
1840	13,456,000
1841	21,453,000
1842	20,534,000
1843	19,211,000
1844	21,730,000
1845	21,736,000
1846	18,500,000
1847	16,808,000
1848	9,807,000
1849	22,503,000
1850	22,440,000
1851	18,013,000
1852	30,692,000
1853	24,608,000
1854	24,332,000
1855	34,400,000
1856	38,401,000
1857	38,267,000

1858	36,682,000
1859 ⎱ [1]	
1860 ⎰	
1861 [2]	49,952,601
1862	37,867,080
1863	54,111,652
1864	51,585.484

Il est à peine utile de rappeler ici l'influence des évènements politiques sur l'activité commerciale. Ceux qui auront la patience de parcourir la liste qui précède remarqueront assez les importations des années 1814, 1815, 1830, 1848 et 1851. Elles indiquent suffisamment l'intensité relative de chaque crise. Mais ce qui importe davantage, c'est d'appeler l'attention sur les années 1835, 1855, 1856 et 1861, qui ont suivi immédiatement les adoucissements successifs et la suppression totale des tarifs. Chacune d'elles est marquée par un accroissement tellement brusque des importations, que toute discussion sur ce point serait superflue, et nous nous bornons à signaler les chiffres.

[1] Nous n'avons pu nous procurer le chiffre des importations des années 1859 et 1860.

[2] Les chiffres de 1861 à 1864 ont été relevés sur les tableaux généraux du commerce de la France, publiés par l'administration des douanes, en faisant pour chaque année le calcul suivant :

ANNÉE 1861.

Désignation des laines.	Importations.	Exportations.
Laines en masse	55,358,730 kilos.	4,967,598 kilos.
Déchets de laine	» —	1,413,678 —
Laines peignées . . , ...	39,019 —	65.507 —
Bourre entière	350,695 —	» —
Bourre, lanice et tontisse.	625,349 —	» —
Alpagas	25,501 —	» —
Totaux	56,399,384 —	6,446,783 kilos.
Exportations à déduire . .	6,446,783 —	
Excédant des import^ons . .	49,952,601 kilos.	

On peut d'ailleurs établir la moyenne des importations annuelles correspondant à chaque période douanière. Nous l'avons fait avec soin, et ce travail, dont nous donnons ci-dessous le résumé, nous paraît plus instructif encore.

Périodes législatives.	Droits perçus	Importations moyennes annuelles.
1812 à 1819	Entrée libre............	5,198,474 kilos.
1820 à 1822	fr. 20 par 100 kilos	6,969,000
1823 à 1825	fr. 60 —	4,840,000
1826 à 1834	30 0/0 *ad valorem*	6,826,888
1835 à 1853	20 0/0 —	18,370,526
1854 et 1855	fr. 25 par 100 kilos	29,366,000
1856 à 1859	fr. 10 —	37,783,333
1861 à 1864	Entrée libre..........	48,379,204

On voit clairement par ce tableau que les mesures de douane prises de 1820 à 1834 avaient eu pour effet d'arrêter le développement des importations. Depuis 1834, au contraire, les tarifs ont été à différentes reprises modérés, puis supprimés complètement, et à chaque abaissement des droits a immédiatement répondu un accroissement énorme des importations. C'est pour le moment tout ce que nous voulions établir.

Ces laines étrangères, qui viennent alimenter nos fabriques, ont des origines bien diverses. Elles nous arrivent des extrémités du monde, comme des contrées les plus voisines, et il n'est pas sans intérêt de se rendre compte des quantités que nous fournit chaque pays producteur. Les *Tableaux du commerce de la France* publiés par l'administration des douanes offrent à cet égard des renseignements certains. Voici les chiffres que nous y trouvons pour l'année 1864 (commerce spécial) :

Pays de provenance.	Poids net [1] des laines importées.
Algérie..........................	7,173,854 kilos.

[1] Les chiffres de cette colonne donnent pour chaque pays la différence

Report........	7,173,854 kilos.
Allemagne et villes anséatiques.......	4,795,905
Angleterre.....................	15,799,387
Espagne....................	1,092,338
Russie	3,156,515
Turquie...................	8,680.337
Rio de la Plata..................	6,103,431
Uruguay....................	2,888,626
Autres pays	1,895,091
TOTAL.....	51,585,484 kilos.

Si l'on compare ces chiffres à ceux des années antérieures, en remontant par exemple jusqu'à 1841, on est bientôt frappé de la transformation profonde qu'a subie dans ce dernier quart de siècle le commerce des laines étrangères. Non seulement il a plus que doublé en importance, mais il s'est déplacé et il s'est créé des relations nouvelles, qui bientôt ont pris un énorme développement. Ainsi la Belgique qui nous fournissait il y a vingt ans de 5 à 7 millions de kilogrammes (le tiers de nos importations), a cessé de figurer sur nos états de douane comme pays importateur. L'Espagne est à peu près dans le même cas : ses fournitures de laines ont baissé de plus de 75 0/0. Enfin nos relations avec l'Allemagne, la Russie et la Turquie se sont développées, mais dans des proportions relativement modestes.

En revanche l'Algérie qui, en 1841, fournissait 51,000 kilos de laine, nous en livre aujourd'hui plus de 7 millions. La Plata et l'Uruguay réunis ont élevé leurs importations de 413,000 kilos à près de 9 millions. Enfin l'Angleterre au lieu de 771,000 kilos (en 1841) nous en a vendu en 1864 près de 16 millions, soit presque le tiers de nos importations totales. Ce dernier fait surtout a une

entre nos importations et nos exportations. Par exemple, nous avons importé de l'Allemagne et des villes anséatiques réunies. 5,651,930 kilos.

Nous y avons exporté ....:....... 856,025 —

Différence............... 4,795,905 kilos.

gravité toute particulière. C'est celui qui préoccupe le plus nos cultivateurs, car ces laines venues d'Angleterre ne sont, pour la plus forte part, que les laines de l'Australie, dont la production s'est développée dans ces derniers temps avec une rapidité si merveilleuse.

Ce n'est pas ici le lieu de raconter en détail l'histoire de la production et du commerce des laines. Il est permis de rappeler cependant que, dans l'Europe occidentale, l'Espagne avait été de tout temps le pays producteur par excellence. La nature même paraît lui en avoir fait une loi. Presque partout s'y rencontrent de vastes espaces que les moutons seuls peuvent utiliser, et l'une de ses principales provinces, l'Estramadure, brûlée pendant l'été par un soleil dévorant, se couvre aux premières pluies d'automne de riches pâturages où viennent hiverner les troupeaux des provinces les plus éloignées. Cet état de choses, joint à d'autres circonstances, a créé en Espagne des traditions, des coutumes originales, nuisibles au progrès de l'agriculture, mais éminemment favorables au développement et à l'amélioration des troupeaux. Ils ont eu de tout temps leur législation spéciale, leurs règlements, leurs priviléges, leurs tribunaux particuliers. L'agriculture du pays leur a été sinon sacrifiée, du moins subordonnée. Elle a dû partout se plier à leurs convenances[1]. Mais les races ovines du moins y sont parvenues de bonne heure à un haut degré de perfection, et dès le moyen âge l'Espagne a possédé ces magnifiques moutons mérinos qui, pendant plusieurs siècles ont été sans rivaux dans le monde.

A la fin du XVIIIe siècle, cette supériorité des troupeaux espagnols était tellement reconnue et enviée, qu'une véritable émulation s'empara des autres gouvernements, et les plus grands efforts furent tentés partout simultanément pour acclimater et multiplier les mérinos. L'impératrice Marie-Thérèse, l'électeur de Saxe, les plus grands seigneurs de la Hongrie et de la Bohême importèrent à l'envi des moutons de la Castille ou du royaume de Léon. Ces

[1] J. Gounon Loubens. *Essai sur l'administration de la Castille au XVIe siècle,* ch. I et XI.

troupeaux se multiplièrent, et c'est de leurs croisements intelligents avec les races allemandes, que viennent ces belles laines de Saxe, de Moravie et de Silésie, dont nos fabriques d'Elbeuf et de Louviers font encore aujourd'hui un si grand usage.

En France le gouvernement de Louis XVI suivit l'exemple que lui donnaient les princes de l'Empire. En 1775 il obtint de l'Espagne un premier lot d'environ 200 mérinos, puis en 1786 un deuxième envoi de 350 têtes qui furent choisies parmi les plus beaux troupeaux du Léon et de Ségovie. Ce fut là l'origine du célèbre troupeau de Rambouillet. Le Directoire, suivant les mêmes errements, exigea, par une clause spéciale du traité de Bâle (12 juillet 1795), la cession d'un nouveau lot de 5,500 moutons. Enfin nos ressources en ce genre se multiplièrent rapidement sous l'Empire, et l'on estime aujourd'hui à 25 millions de têtes environ le nombre des mérinos que possède la France [1].

Les mêmes efforts furent tentés en Angleterre vers la même époque, mais avec moins de succès. La production de la laine, cependant, avait été de tout temps une des branches principales de l'agriculture britannique. C'étaient les laines anglaises qui au moyen âge alimentaient en grande partie les fabriques de la Flandre, et les rois d'Angleterre ont souvent utilisé au profit de leur politique l'influence que leur donnait cette situation [2]. Mais quand au XVIIIe siècle le roi George III, qui aimait l'agriculture, voulut introduire les mérinos dans ses domaines, les premiers essais échouèrent. Les animaux avaient été placés sur un sol trop humide; ils périrent pour la plupart [3]. D'autres tentatives eurent ensuite un meilleur succès. Mais il fallut reconnaître toutefois qu'en général le climat de l'Angleterre était peu favorable aux races espagnoles, et elles se multiplièrent lentement dans ce pays. D'ailleurs, les fermiers anglais commençaient à trouver moins d'avantages à la production de la laine. La race des

<hr>

[1] Ces détails et ceux qui suivent, sur les laines d'Australie, sont empruntés en grande partie au *Dictionnaire universel du Commerce*. (V. LAINES.)

[2] Anderson. *History of Commerce*. Passim.

[3] Léonce de Lavergne. *Essai sur l'économie rurale de l'Angleterre*, ch. 2.

Dishley récemment créée par Bakewell, prenait faveur de jour en jour. Le mouton devenait essentiellement un animal de boucherie. Plus que le climat lui-même, cette révolution agricole nuisit aux mérinos et ils furent à peu près abandonnés.

C'est cependant à ces tentatives, d'abord infructueuses, que l'Angleterre doit le magnifique développement de ses laines coloniales. Tandis que les fermiers anglais s'appliquaient exclusivement à faire du mouton un animal producteur de viande, un mouvement tout-à-fait contraire se produisait aux extrémités du globe, dans les contrées que la nature semble avoir réservées à l'agriculture pastorale. Des propriétaires de La Plata venaient en France disputer à nos cultivateurs les plus beaux types des bergeries de Rambouillet. Les colons du Cap, des Indes et de l'Australie faisaient acheter à grands frais, dans la mère-patrie, les descendants négligés des mérinos importés par George III. Ces animaux s'acclimataient également dans les savanes de Buenos-Ayres et sur les plateaux de la Nouvelle-Hollande. De nouveaux centres de production étaient créés.

Les premières laines coloniales qui apparurent sur les marchés anglais, n'y furent pas accueillies avec faveur. On leur reprochait d'être courtes et trop délicates. Elles n'étaient propres qu'à la carde. On en vendit cependant 400 balles en 1824 et 700 en 1825. Ce fut seulement en 1836 que l'on signala en Angleterre des laines d'Australie, capables de soutenir l'action du peigne. Elles prirent faveur, et il se vendit cette année 20,000 balles de laines coloniales de toute qualité. Ce commerce a continué depuis de s'accroître rapidement ; il a porté en 1858 sur 320,888 balles représentant ensemble plus de 85 millions de livres anglaises (environ 38,500,000 kilogrammes).

Voici au surplus, d'après l'*Economist* du mois d'août 1859 [1], les quantités de laines que l'Angleterre a tirées de ses colonies et de l'Amérique du Sud, de 1844 à 1858.

---

[1] Cité par le *Dictionnaire universel du Commerce*.

ANNÉES	COLONIE DU CAP[1].	INDES ORIENTALES.	AUSTRALIE.	AMÉRIQUE DU SUD.	TOTAUX ANNUELS.
1844	2.197.143	2.765.853	17.602.247	3.760.063	26.325.306
1845	3.502.924	3.975.866	24.177.317	6.468.388	38.134.495
1846	2.958.457	4.570.581	21.789.346	4.890.273	34.208.657
1847	3.477.392	3.063.142	26.056.815	7.295.550	39.892.899
1848	3.497.250	5.997.435	30.034.567	8.851.211	48.380.463
1849	5.377.495	4.182.853	35.879.171	6.014.525	51.454.044
1850	5.707.529	3.473.252	39.018.221	5.296.648	53.495.650
1851	5.816.591	4.549.520	41.810.117	4.850.048	57.026.276
1852	6.388.796	7.880.784	43.197.301	6.252.689	63.659.570
1853	7.221.448	12.400.869	47.076.010	9.740.032	76.438.359
1854	8.223.598	11.965.191	47.489.650	6.134.334	73.812.773
1855	11.075.965	14.283.535	49.142.306	7.106.708	81.608.514
1856	17.305.188	15.386.578	52.052.139	8.076.317	92.820.222
1857	14.287.828	19.370.741	49.209.655	9.306.886	92.175.110
1858	16.597.504	17.333.507	51.104.560	10.046.381	95.081.952

Ainsi donc, dans l'espace de quinze années, les importations de l'Amérique du Sud en Angleterre ont plus que doublé ; celles de l'Australie ont triplé ; celles des Indes ont sextuplé ; celles du Cap de Bonne-Espérance sont devenues huit fois plus fortes. Dans l'ensemble, les laines de ces diverses provenances représentaient en 1858 les trois quarts des importations en Angleterre, car elles atteignaient le chiffre de 95 millions de livres sur 126 (43,072,124 kilos sur 57,412,641). Mais elles sont en partie destinées à la réexportation. Ce sont ces laines coloniales que nos fabricants vont acheter à Londres et qui entrent en France sous le nom de *laines d'Australie ;* elles forment la presque totalité de nos importations d'Angleterre (16 millions de kilos en 1864).

On conçoit facilement, en présence de ces faits, l'émotion qui s'est emparée d'un grand nombre de cultivateurs. Ils se sont demandé avec inquiétude si la production toujours croissante de l'Australie ne leur créera pas bientôt une concurrence ruineuse,

[1] Les poids de ce tableau sont donnés en livres anglaises de 453 grammes.

et si les troupeaux de la vieille Europe pourront longtemps résister à cette invasion des laines coloniales. A la Nouvelle-Hollande, au Cap, sur les bords de la Plata existent d'immenses espaces couverts de pâturages naturels. Aux environs de Sydney, de Melbourne et de Port-Philippe, un acre de terre (40,4671 ares) vaut, dit-on, de fr. 1 25 à fr. 25 (fr. 3 08 à fr. 61 77 l'hectare), et la laine peut y être obtenue sans frais en quantités pour ainsi dire illimitées. Notre agriculture, chargée d'impôts et grevée de frais généraux de toute sorte, peut-elle soutenir la concurrence dans de pareilles conditions ? Tel est le raisonnement que font les intérêts alarmés, et s'il était exempt d'exagérations, jamais alarmes n'auraient été mieux justifiées.

Si rapide néanmoins que soit l'accroissement de la production australienne, il est permis de faire remarquer que les quantités de laines présentées sur les marchés de Londres ne répondent pas toujours aux progrès de la demande. Il en résulte parfois des hausses assez sensibles, et c'est une preuve que l'éventualité qu'on redoute n'est pas encore à la veille de se réaliser. Les besoins grandissent partout aussi vite que la production ; ils multiplient les achats et soutiennent les cours. En supposant, d'ailleurs, qu'en Australie le sol ne vaille pas plus qu'on ne l'assure, ce bon marché inouï ne pourra durer longtemps. En beaucoup de provinces des Etats-Unis, le développement de la population, l'accroissement de la richesse publique ont, depuis un demi-siècle, centuplé le prix de la terre. Il en sera de même forcément partout où se développera la même prospérité. Dès aujourd'hui, au surplus, la main-d'œuvre est rare à ce point, en Australie, que la découverte des mines d'or, il y a peu d'années, jeta dans le pays une perturbation profonde : on craignit un instant de voir l'agriculture complètement ruinée par l'émigration qui se fit vers les mines. Ce danger fut conjuré, mais le prix de la main-d'œuvre est resté excessif ; c'est une compensation au bas prix de la terre. Or, il ne suffit pas de faire paître les troupeaux, il faut encore les tondre, laver les laines et les faire transporter aux points d'embarquement, à travers un pays dépourvu de communications. Il faut payer le fret d'Océanie en Europe et le magasinage dans les docks. Il faut enfin servir un intérêt fort élevé pour les avances que font les courtiers de Londres et laisser un bénéfice à chacun des intermédiaires. Tout cela doit constituer un prix de revient assez élevé, et il pourrait bien en être des laines d'Australie comme des blés d'Amérique, qui se produisent à fort bas prix dans les états du Far-West et sont forcés de se vendre cher sur les marchés anglais.

Il faut remarquer, d'ailleurs, qu'entre les laines coloniales et nos laines françaises, existent des différences considérables. Lavées en fabrique au savon ou à l'urate, les premières ne rendent guère plus de 75 0/0 de leur poids brut ; beaucoup de laines françaises rendent de 85 à 90 0/0 [1]. En revanche, les laines d'Australie donnent en filature des numéros plus élevés et peuvent servir à la fabrication des étoffes les plus fines. Les laines françaises, au contraire se filent moins fin en général et ne peuvent guère être employées seules qu'à la fabrication de tissus plus communs ou d'étoffes feutrées ; mais elles ont plus de fermeté, plus de souplesse, plus d'élasticité, tandis que les laines australiennes sont molles et manquent de ressort. En général, pour fabriquer les étoffes de bonne vente courante, on trouve avantage à mélanger des laines de provenances diverses, dont les qualités et les défauts se compensent. De telle sorte qu'on peut dire jusqu'à un certain point que le développement des importations de laines d'Australie facilite dans une large mesure l'emploi et la consommation des laines françaises.

Ce qui est certain dans tous les cas, c'est que si, depuis 1860, nous avons importé d'Angleterre des quantités de laines plus considérables, nous avons développé nos exportations d'étoffes de laine dans une proportion incomparablement plus forte. C'est ce qui résulte des deux tableaux ci-dessous, dont les chiffres ont été relevés sur les états publiés par l'administration des douanes :

---

[1] Renseignements de la Chambre de Commerce de Reims. Il s'agit ici, bien entendu, non pas des laines en suint, mais de celles qui ont déjà subi un premier lavage à dos, ou à l'eau chaude.

TABLEAU COMPARATIF DU COMMERCE DES LAINES
ENTRE L'ANGLETERRE ET LA FRANCE, DE 1861 A 1864

(COMMERCE SPÉCIAL) [1]

	1861		1862		1863		1864	
	IMPORTATIONS.	EXPORTATIONS.	IMPORTATIONS.	EXPORTATIONS.	IMPORTATIONS.	EXPORTATIONS.	IMPORTATIONS.	EXPORTATIONS.
Laines en masse.........	14,656,891	556,710	11,010.341	2,155.365	17,249,942	1,345,982	17,915,969	2,072,356
— peignées.........	32.567	»	41.309	»	17,402	»	19.130	51.475
Déchets de laine.........	»	289.217	»	435.734	»	248,953	»	282,484
Bourre entière...........	127,130	»	129,202	»	116.190	»	103,656	»
Bourre. lanice et tontisse..	31.887	»	13,778	»	32.168	»	132,794	»
Alpagas.................	18.256	»	24,095	»	53	»	»	»
TOTAUX........	14,866,731	845.927	11.218.725	2,591,099	17,415.755	1,594,935	18,171,549	2,406.315
Exportations à déduire...	845,927	»	2.591.099	»	1.594.925	»	2.406.315	»
Excédants des importations	14.020,804		8,627.626		15,820,830		15,765,234	

[1] Les chiffres de ce tableau indiquent les importations et les exportations de laines en kilogrammes. Dans le tableau suivant, au contraire, on a dû indiquer les importations et les exportations d'étoffes de laine en francs *(valeurs actuelles)*. La forme adoptée pour les états de la douane ne permettait pas de faire autrement.

Ces *valeurs actuelles* (opposées en style administratif aux *valeurs officielles),* sont déterminées chaque année par une commission composée des industriels les plus compétents.

ETAT COMPARATIF

DES IMPORTATIONS ET DES EXPORTATIONS DE LA FRANCE, EN ÉTOFFES DE LAINE, DE 1861 A 1864.

(COMMERCE SPÉCIAL. — VALEURS ACTUELLES ESTIMÉES EN FRANCS).

	1861		1862		1863		1864	
	IMPORTATIONS.	EXPORTATIONS.	IMPORTATIONS.	EXPORTATIONS.	IMPORTATIONS.	EXPORTATIONS.	IMPORTATIONS.	EXPORTATIONS.
Bonneterie	296,472	3,188,743	286,107	3,194,210	192,713	4,099,522	149,718	6,139,436
Casimirs	»	60,368	»	248,130	»	29,275	701	94,488
Châles brochés et façonnés.	»	14,911,444	77,466	12,859,004	88,234	15,883,700	129,928	25,837,950
Couvertures	130,930	2,027,858	98,054	1,039,360	128,700	1,143,267	203,120	2,439,734
Dentelles.	»	210,717	»	125,204	»	259,004	»	350,600
Draps	»	32,257,456	2,333,940	30,129,750	2,540,511	33,739,552	3,608,456	62,127,408
Etoffes diverses.	»	59,641,445	875,974	68,425,187	519,896	81,827,306	477,980	77,069,189
Etoffes mélangées.	12,313,906	56,278,448	27,632,554	78,279,180	18,790,778	117,826,223	18,623,614	135,103,154
Mérinos	»	14,000,574	4,454	23,039,887	118,447	34,520,450	»	40,376,666
Passementerie et Rubanerie	4,435,923	2,611,700	5,536,492	2,838,105	7,191,366	2,488,149	4,947,820	4,230,960
Tapis de pied.	35,053	»	74,583	»	9,056	»	1,498	»
Tapis de toute espèce	1,834,188	808,637	2,245,868	1,512,785	2,423,221	1,764,673	1,815,103	2,061,474
Tissus d'alpaga, de lama, etc.	»	»	1,713,082	»	1,134,500	»	2,009,681	»
Tissus de pure laine.	1,508,706	»	»	»	»	»	»	»
Toiles à blutoir sans coutures	»	»	»	»	»	»	»	30,926
TOTAUX	20,555,178	187,997,390	40,878,574	221,690,802	33,136,922	293,581,121	31,967,619	355,861,985
Importations à déduire. .	»	20,555,178	»	40,878,574	»	33,136,922	»	31,967,619
Excédants des exportations		167,442,212		180,812,228		260,444,199		323,894,366

Ce qui résulte de ces tableaux, c'est que l'importation des laines anglaises ou australiennes en France était, en 1861, de . . . . 14,020,804 kilos, qu'elle s'est élevée en 1864 à . . . . 15,765,234 —

qu'elle a augmenté par conséquent de . . . . 1,744,430 kilos dans le cours de ces quatre années, soit de 12,44 0/0.

Par contre, nous exportions en 1861 (importations déduites), pour . . . . Fr. 167,442,212 d'étoffes de laines ;

Nos exportations se sont élevées en 1864 [1] à Fr. 323,894,366

Elles ont donc augmenté de . . . . Fr. 156,452,154, soit de 93 43 0/0.

Il faut bien, avouer que dans l'ensemble, cette situation n'a rien d'alarmant.

En résumé, des recherches auxquelles nous venons de nous livrer résultent les faits suivants :

1° A la différence de ce que nous avions constaté pour les céréales, les tarifs de douane appliqués aux laines se sont montrés efficaces. *En général* le prix des laines a monté en raison de l'élévation des droits, ou a baissé quand les droits ont été diminués ;

---

[1] C'est peut-être ici le lieu de signaler une assez grave erreur commise par M. le marquis d'Andelarre dans son *Enquête agricole*, p. 12. Après avoir donné le tableau détaillé de nos importations et de nos exportations de produits agricoles en 1860 et 1865, M. d'Andelarre conclut ainsi :

« L'excédant des importations sur les exportations en 1865 est de » 162,291,488 francs. Il n'était en 1860 que de 110,998,920 francs. »

Or, dans le tableau précité (année 1865), les laines figurent à l'exportation pour . . . . 254,403,552 fr. et à l'exportation seulement pour . . . . 36,807,609 fr.

M. le marquis d'Andelarre oublie ici que, si les laines sont importées en nature, elles s'exportent en général sous forme de produits manufacturés, dans la valeur desquels on admet que la matière première entre pour moitié environ. Cela fait une erreur de plus de 160 millions.

2° Chaque réduction des tarifs a immédiatement été suivie d'un accroissement considérable dans l'importation des laines étrangères ;

3° Cet accroissement des importations en France a surtout été remarquable dans les laines des colonies anglaises et de l'Amérique du Sud ;

4° Nos exportations d'étoffes de laine ont progressé plus rapidement encore, surtout depuis 1860, c'est-à-dire depuis les derniers traités de commerce ;

5° Enfin, malgré ce développement inouï de l'exportation de nos produits manufacturés, le prix des laines en France depuis 1860 a sensiblement diminué.

Ce dernier fait, il faut l'avouer, a une importance véritable et il inspire à nos producteurs de légitimes inquiétudes. La période de 1860 à 1865 a été signalée en effet par la guerre d'Amérique et par la disette du coton. Les manufactures d'étoffes de laine se sont trouvées seules tout-à-coup pour suffire aux besoins de la consommation : elles ont déployé une activité extraordinaire. Mais que serait-il arrivé en d'autres circonstances ? Sans le développement subit de la fabrication des tissus de laine, les arrivages d'Australie ne seraient-ils pas venus encombrer tous les marchés ? Et le prix de nos laines, qui ne s'est même pas soutenu malgré les circonstances, n'aurait-il pas été avili ?

De là on conclut que le rétablissement d'un droit protecteur est indispensable, si l'on ne veut pas voir une branche importante de notre agriculture mise en péril à la première crise.

Une semblable mesure peut-elle aujourd'hui être demandée au gouvernement ?

Il est bien entendu que parallèlement au droit protecteur, quel qu'il fût, devraient être rétablies aussi des primes d'exportation équivalentes. Beaucoup de manufactures françaises prospèrent par l'exportation ; nul ne peut songer à les ruiner. Si l'on impose leurs matières premières à l'importation, le droit au moment de la sortie doit être restitué sous forme de drawback. Sur ce point tout le monde est d'accord.

Cependant, même à cette condition, le rétablissement du droit n'est pas exempt de difficultés. Sans parler des objections de principe qu'y font les économistes au nom de la science, les industriels y opposent deux raisons principales : d'abord, c'est que le système douanier entraîne forcément des complications de toute sorte ; il impose des formalités nombreuses, des justifications, des retards toujours préjudiciables. Ensuite, l'industrie n'admet pas que ses matières premières soient imposées, même pour la consommation intérieure : c'est là, suivant elle, une atteinte à sa liberté en même temps qu'un obstacle à son développement.

On ne saurait méconnaître la valeur de la première objection. Les embarras qu'elle signale sont de l'essence même du système protecteur, et tout ce qu'on peut répondre sur ce point, c'est qu'il n'a pas empêché l'industrie française de grandir. Quant à la seconde difficulté, elle nous paraît moins sérieuse. Pour l'industrie, à la vérité, la laine est matière première; mais, pour l'agriculture, c'est un produit définitif, et un produit qui n'exige ni moins de travail, ni moins d'opérations diverses, ni moins d'intelligence que les produits manufacturés. Prétendre qu'il ne peut être imposé à la frontière, cela revient à dire que les intérêts industriels sont souverains et qu'en toutes choses l'agriculture doit leur être subordonnée. Est-ce le cas de produire un pareil système, au moment où la situation de nos campagnes préoccupe si justement tous les esprits ?

L'agriculture n'est pas naturellement exigeante : elle ne demande ni faveurs, ni priviléges. Si, ce qui est peu probable, la la liberté complète des échanges devenait la loi du pays, elle accepterait la position qui lui serait faite et ce n'est pas elle qui aurait le plus à s'en plaindre. Mais telle n'est pas aujourd'hui la situation : l'industrie en général, l'industrie des laines en particulier, est encore protégée par des droits qui varient de 10 à 15 0/0. Les produits agricoles sont dénués de toute protection, et l'on peut, dire avec vérité que le libre échange existe contre eux et non pas pour eux. Solliciter le retour à l'égalité, c'est donc demander simplement la réparation d'une méprise : c'est réclamer justice et non faveur.

Ici se termine ce que nous avions à dire sur les questions de douane, dans leurs rapports avec l'agriculture. Nous aurions pu, sans doute, étendre beaucoup ce travail. Les sucres, les vins, les huiles et bien d'autres produits auraient pu successivement appeler notre attention. Nous avons préféré borner cette étude aux céréales et aux laines, parce que ce sont, de tous les produits agricoles, ceux qui intéressent le plus le pays que nous habitons, et aussi parce que, dans ces derniers temps, ils ont donné matière aux controverses les plus vives.

Pour les céréales, l'efficacité des tarifs nous a semblé contestable, du moins au point de vue de nos départements du Nord ; pour les laines au contraire, elle nous paraît prouvée. De là, croyons-nous, on pourrait déduire cette loi générale, que les droits à l'importation agissent sur le cours des marchandises dont la production intérieure est insuffisante ; qu'ils sont au contraire de nulle valeur pour celles dont la production est supérieure aux besoins. C'est là d'ailleurs le principe même de toute législation en matière de douane. Jamais les tarifs n'ont eu pour objet de favoriser le producteur aux dépens du consommateur. Le seul but qu'ils puissent se proposer, c'est de stimuler d'abord la production nationale en lui assurant un bénéfice légitime, puis de l'abandonner ensuite à elle-même lorsqu'elle a grandi assez pour satisfaire aux besoins publics.

Faut-il maintenant sur ce point exprimer toute notre pensée ? C'est que les tarifs de douanes, utiles peut-être exceptionnellement au maintien des prix de certains produits, sont en général pour l'agriculture d'un intérêt secondaire. La France, nous l'avons déjà dit, est un pays essentiellement agricole : elle produit au-delà de ses besoins. Ses blés, ses vins, ses eaux-de-vie, ses fruits, ses produits de basse-cour ont besoin de trouver des débouchés au-dehors ; les tarifs de douane ne peuvent rien pour eux.

Ce qui importe essentiellement aujourd'hui à l'agriculture française, c'est de diminuer ses prix de revient afin de développer ses exportations. Ce qu'il faut étudier à ce point de vue, ce sont les charges qui pèsent sur elle et les moyens de les atténuer. La rareté et le prix de la main-d'œuvre, la quotité des impôts et leur répartition ; les entraves que la législation apporte à la transmission ou au partage des propriétés, les difficultés que rencontre trop souvent l'assainissement ou l'irrigation du sol ; l'amélioration et le prix des transports ; dans certaines limites, enfin, le développement du crédit et son extension aux biens ruraux, telles sont les questions qui nous paraissent avoir pour l'agriculture un intérêt capital. Ces questions nous les étudierons successivement dans la seconde partie de ce travail, et s'il ne nous est pas donné de les résoudre, nous ferons du moins ce qui sera en notre pouvoir pour en faciliter la solution à de plus habiles.

Châlons, imp. T. Martin.

www.ingramcontent.com/pod-product-compliance
Lightning Source LLC
Chambersburg PA
CBHW061423060726
47597CB00003B/1129